新生产机动车
环保达标网络申报技术手册

中 国 环 境 科 学 研 究 院
环境保护部机动车排污监控中心
编著

中国环境出版社·北京

图书在版编目（CIP）数据

新生产机动车环保达标网络申报技术手册 / 中国环境科学研究院，环境保护部机动车排污监控中心编著. —北京：中国环境出版社，2014.4
ISBN 978-7-5111-1683-3

I. ①新… II. ①中…②环… III. ①机动车—环境保护—手册 IV. ①X734.2-62

中国版本图书馆 CIP 数据核字（2014）第 071202 号

出版人 王新程
责任编辑 张维平
封面设计 金 喆

出版发行 中国环境出版社
（100062 北京市东城区广渠门内大街 16 号）
网 址：http://www.cesp.com.cn
电子邮箱：bjgl@cesp.com.cn
联系电话：010-67112765（编辑管理部）
010-67112738（管理图书出版中心）
发行热线：010-67125803，010-67113405（传真）

印 刷 北京中科印刷有限公司
经 销 各地新华书店
版 次 2014 年 6 月第 1 版
印 次 2014 年 6 月第 1 次印刷
开 本 787×1092 1/16
印 张 12.5
字 数 290 千字
定 价 48.00 元

编写人员

倪　红　张海燕　关　敏　马凌云　王明达　季　欧

庞　媛　姜　艳　梁占彬　郝爱民　赵　莹　林　涵

张　艳　陈　莉　卢建云　李国强　王军方　原彩红

陈大为　肖　寒　白　涛　皮晓超　宋京亮　李　涛

贾晓丹　李青山

前　言

新车环保型式核准是机动车环保管理的重要制度，它不仅是确保企业产品达标的第一个“关口”，还是环保和其他相关部门进一步开展生产一致性检查和在用车监督等管理工作的依据和基础，不论对生产企业还是对于执法部门都具有非常重要的意义。机动车生产企业应了解，获得了型式核准，不是企业机动车环保工作的完成，而是一个开端。一旦申报资料中出现一点小错误，在后续的环保监督管理工作就可能为企业带来很大的损失。新生产机动车环保达标网络申报工作的开展，对企业负责环保型式核准申报的工作人员提出了更高的要求，即不光要有高度的责任感确保申报工作及时完成，还要具备足够的专业知识和网络操作技能，以保证申报资料的科学性和准确性。

本书根据环境保护部新生产机动车管理要求，针对新生产机动车和发动机的环保达标型式核准、环保生产一致性及在用符合性网络申报工作的具体内容，对网络操作过程中的每一步骤进行详细说明，并配有适当的图例以帮助用户理解。主要适用于机动车生产企业负责环保型式核准申报的工作人员学习。本书共分为6章，分别是新车申报系统操作、非道路移动机械发动机申报系统操作说明、年报申报系统操作说明、符合性报告申报系统操作说明、申请变更操作说明、VIN申报操作说明。

由于标准的不断更新和管理要求的变化，本书的内容会及时修订。尽管编写者已尽量校核，书中仍可能存在遗漏和错误，我们将不断改进，力求完善，为企业的申报工作提供更好的技术支持。

本书在编写过程中得到环境保护部污防司和机动车排污监控中心各位领导的指导，在此致以真挚的谢意。

编著者

目　录

第一章　新车申报系统操作

第一节　新车申报系统概述

新车申报基本操作分为创建计划书及附录、计划书申请备案、创建申报表、创建申报函、发送申报函。

一、基本要求和流程

用户必须先进行计划书附录的备案工作，车型在计划书备案后才可继续进行下一步的申报工作。

新车申报流程示意图（图 1-1）

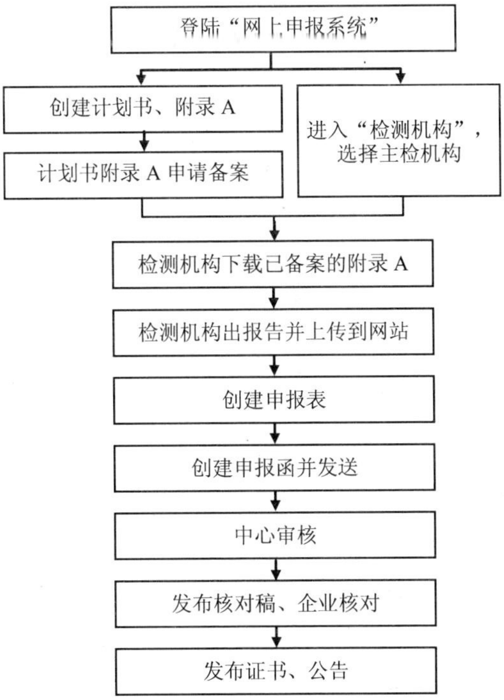

图 1-1

二、登录系统

登录机动车环保网站之前，确认计算机已经连接到 Internet，如计算机无法连接，请解决问题后再使用本系统。

1. 启动 IE，输入网址 http：//www.vecc-mep.org.cn 进入机动车环保网的主页（图 1-2）。

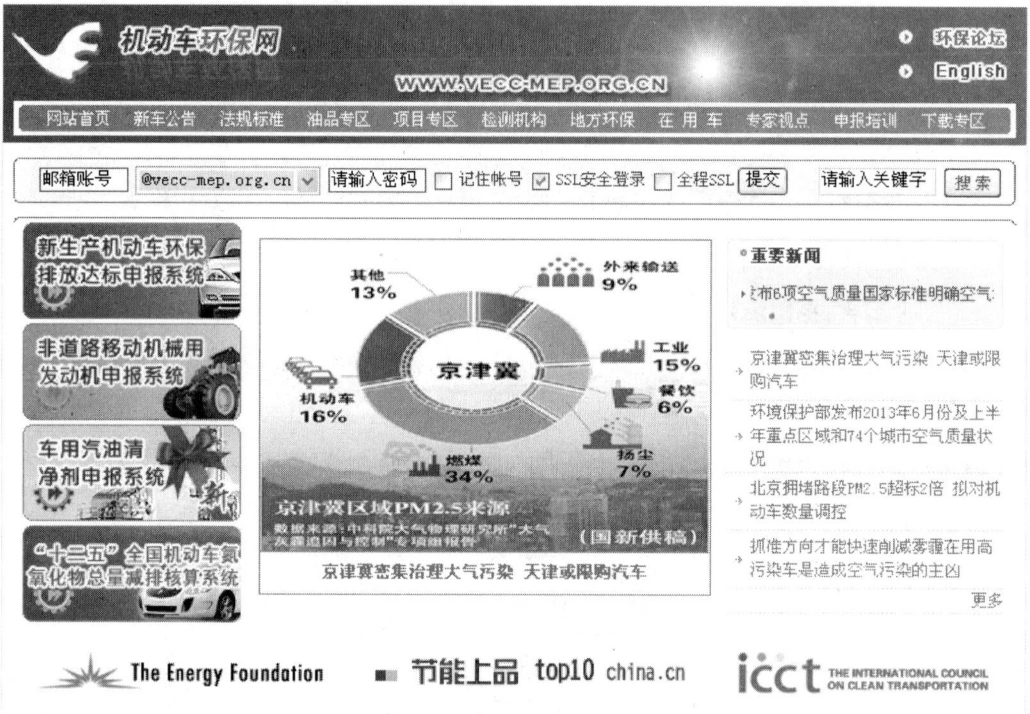

图 1-2

点击（如右侧图示）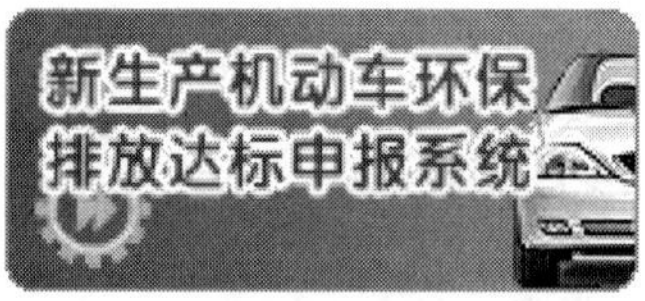

进入机动车排放达标网络申报系统的用户登录界面（图 1-3）。

2. 输入企业编号、用户名和密码，点击 登陆 按钮，进入申报系统。

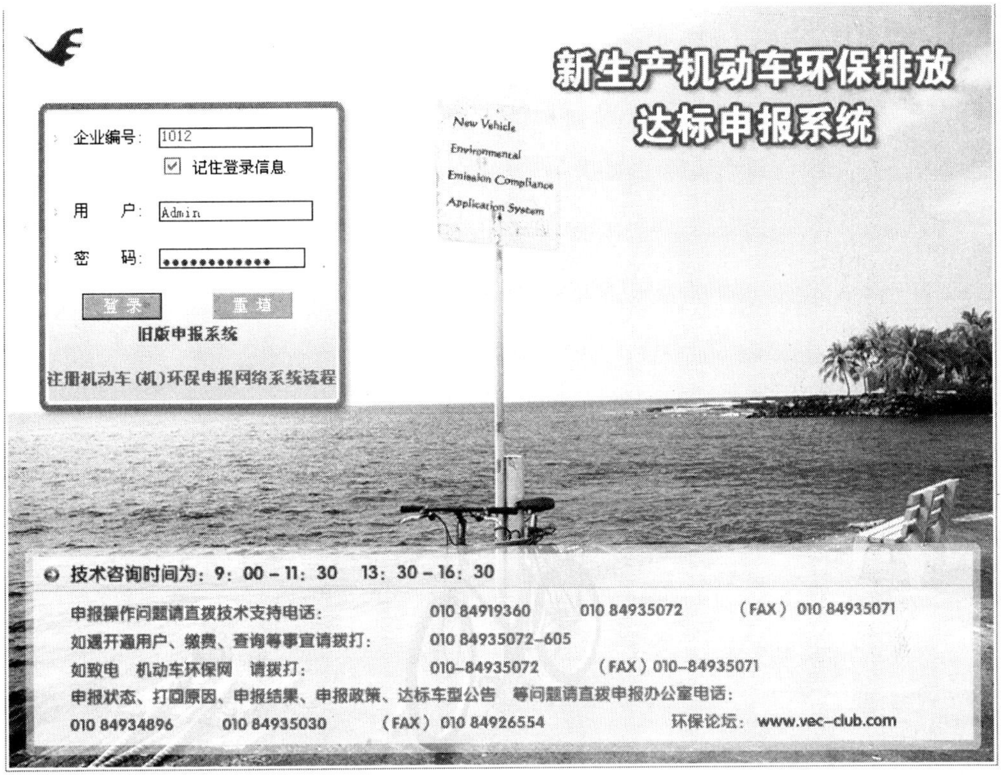

图 1-3

【注意事项】

（1）登录申报系统所需要的用户名和密码是由机动车环保网分配的初始用户名和密码，登录后请及时更改密码。企业编号不可更改、登陆后，可用系统管理员增加操作用户。

（2）企业编号即企业组织机构代码，此代码由质量技术监督局颁发的组织机构代码证获取。

（3）登录时可选中（□记住登录信息），再次登录时会自动显示企业编号以及用户名。

（4）登录页下方为相关申报的联系方式（图 1-4）。

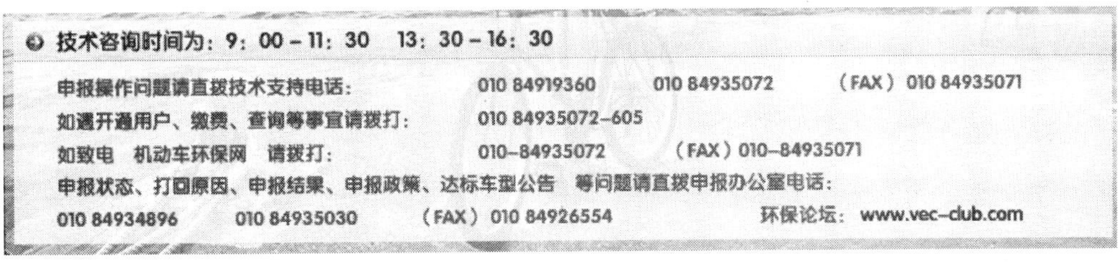

图 1-4

三、新车网上申报系统主界面及功能介绍（图 1-5）

[申报] 创建申报表、申报函、申请变更；

[一致性] 创建计划书、计划书管理、商标管理、申请硫含量修改；

[符合性] 创建符合性报告、符合性报告管理、系族管理；

[年报] 年报管理；

[vin 报送] 报送摩托车信息、报送发动机信息、报送整车及发动机信息、查询报送记录、报送说明和资料下载等；

[查询] 查询检验报告、查询申报表、查询申报函、查询计划书、查询车型附录；

[维护] 个人信息、密码修改；

[管理] 企业资料、用户管理、检测机构；

[证书管理] 用于管理型式核准申报证书，包括临时证书申请及证书管理；

[系统] 退出申报系统。

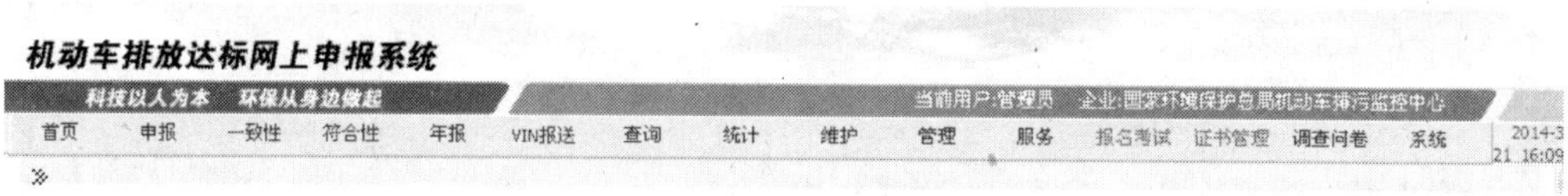

图 1-5

申报功能介绍：

（一）查询

查询包括了查询检验报告、查询申报表、查询申报函、查询计划书、查询车型附录（图 1-6）；

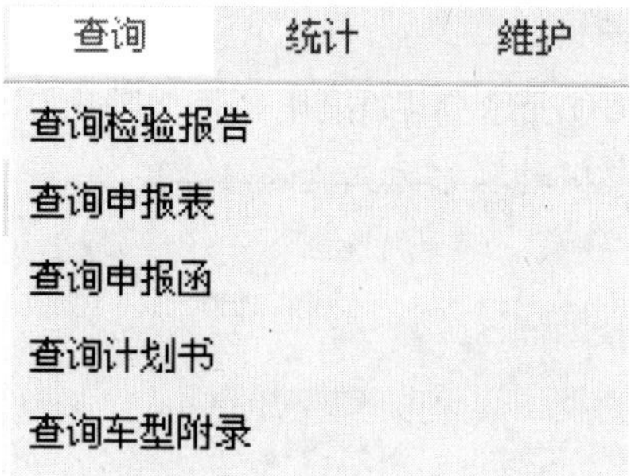

图 1-6

1．查询检验报告　点击 查询检验报告 菜单进入到搜索页面（图 1-7）。

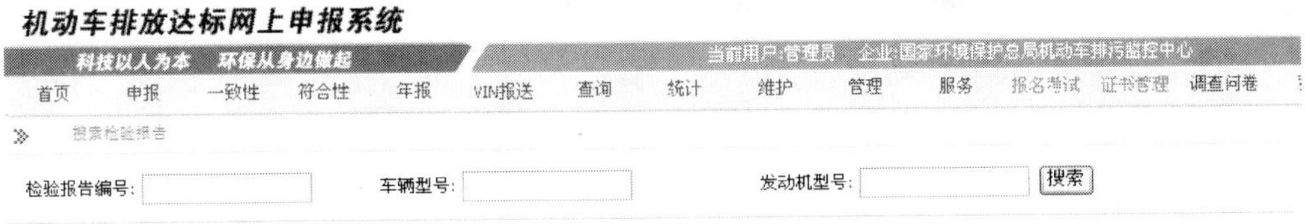

图 1-7

输入要查询条件，可以模糊输入，点击 [搜索] 按钮。系统会把查询结果列到下方的列表中（图 1-8）。

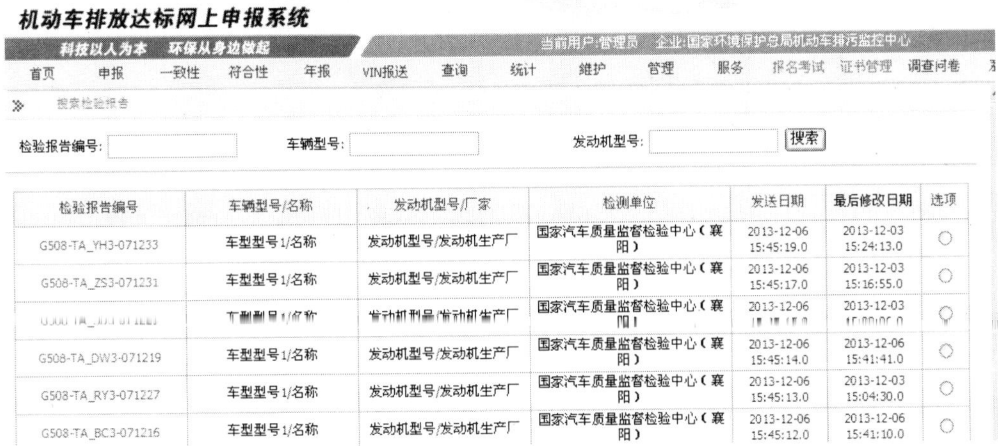

检验报告编号	车辆型号/名称	发动机型号/厂家	检测单位	发送日期	最后修改日期	选项
G508-TA_YH3-071233	车型型号1/名称	发动机型号/发动机生产厂	国家汽车质量监督检验中心（襄阳）	2013-12-06 15:45:19.0	2013-12-03 15:24:13.0	○
G508-TA_ZS3-071231	车型型号1/名称	发动机型号/发动机生产厂	国家汽车质量监督检验中心（襄阳）	2013-12-06 15:45:17.0	2013-12-03 15:16:55.0	○
[illegible]	[illegible]	发动机型号/发动机生产厂	国家汽车质量监督检验中心（襄阳）	2013-12-06 [illegible]	2013-12-03 [illegible]	○
G508-TA_DW3-071219	车型型号1/名称	发动机型号/发动机生产厂	国家汽车质量监督检验中心（襄阳）	2013-12-06 15:45:14.0	2013-12-06 15:41:41.0	○
G508-TA_RY3-071227	车型型号1/名称	发动机型号/发动机生产厂	国家汽车质量监督检验中心（襄阳）	2013-12-06 15:45:13.0	2013-12-03 15:04:30.0	○
G508-TA_BC3-071216	车型型号1/名称	发动机型号/发动机生产厂	国家汽车质量监督检验中心（襄阳）	2013-12-06 15:45:12.0	2013-12-06 15:41:10.0	○

图 1-8

列表中包括了检验报告编号，车辆型号名称，发动机型号生产厂，检测单位和发送日期及最后修改日期。在列表下方有三个按钮：

[删除检验报告] [查看申报引用情况] [查看报告引用附录]

[删除检验报告] 选择检验报告后，删除对应的检验报告。

[查看申报引用情况] 查看选择的检验报告创建的申报表。如果要删除报告，或者检测机构要重新上传该报告时，可以查询该报告的申报表引用情况。只有检验报告没有创建申报表或创建的申报表被打回才可以重新上传报告。

[查看报告引用附录] 选择检验报告后，可以查询检验报告对应的附录 A。

2. 查询申报表 点击 [查询申报表] 菜单进入到查询页面（图 1-9）。

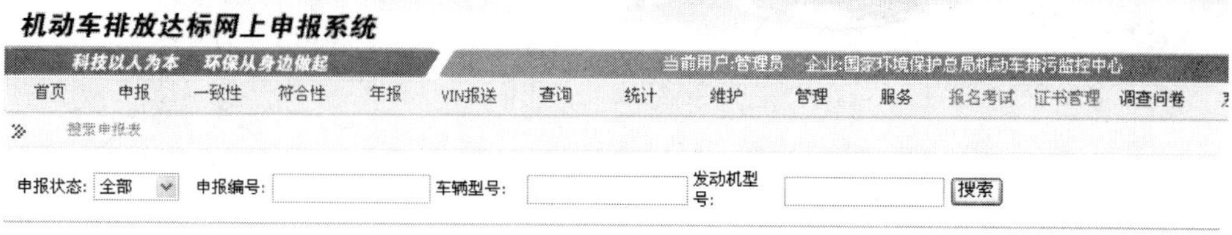

图 1-9

输入要查询条件，可以模糊输入，点击 搜索 按钮。系统会把查询结果列到下方的列表中（图 1-10）。

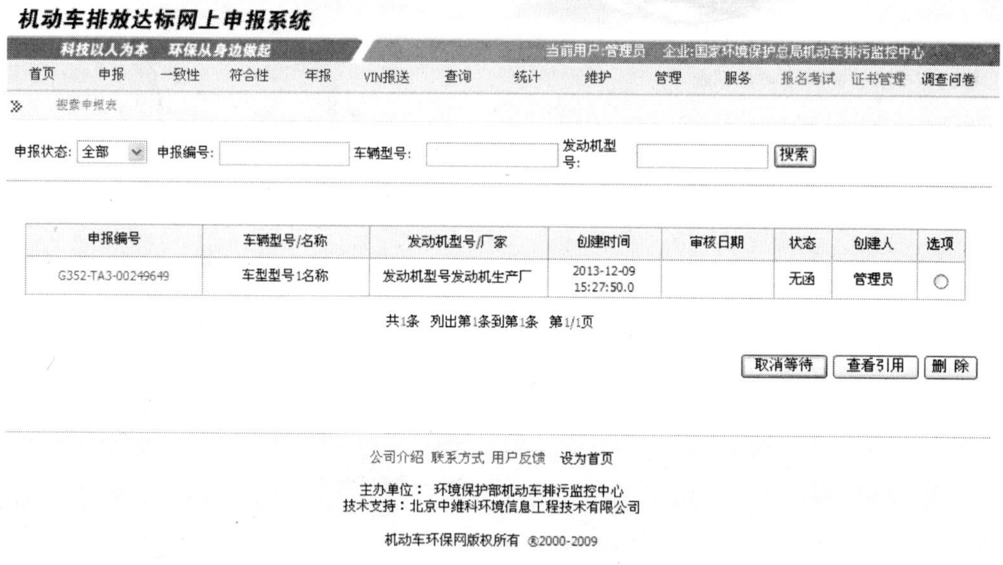

图 1-10

列表包括申报编号，车辆型号名称，发动机型号生产厂，申请时间，审核日期，状态及创建人。在列表下方有三个按钮：取消等待 查看引用 删除

取消等待 当申报表处于保留 状态时，可以使用该按钮重新选择检验报告生成申报表；取消等待的申报表不需要重新创建申报函发送。

查看引用 查看该申报表使用的检验报告及报告对应的附录编号。

删除 删除选择的申报表，只有申报表处于无函或被打回的状态才能被删除。

3. 查询申报函 点击 查询申报函 菜单进入到查询页面（图 1-11）。

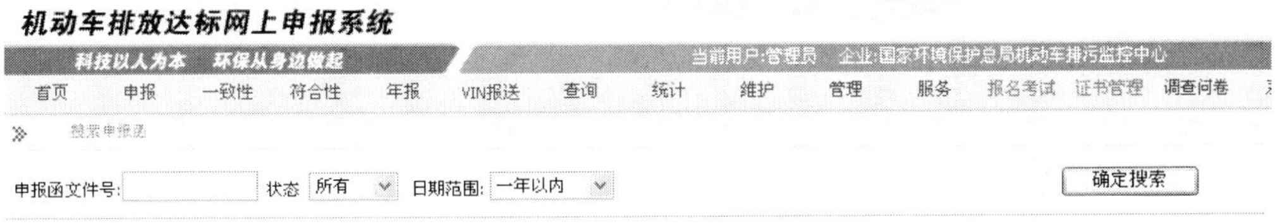

图 1-11

输入要查询申报函文件号，可以模糊输入，点击 搜索 按钮，系统会把查询结果列到下方的列表中（图 1-12）。

	企业名称	申报函文件号	申请时间	状态	发送人	创建人	选项
1	国家环境保护总局机动车排污监控中心	1		未发送			
2	国家环境保护总局机动车排污监控中心	111	2014-03-13 16:47:56.0	已发送			
3	国家环境保护总局机动车排污监控中心	G5QQCTE	2013-12-09 15:43:11.0	已发送	管理员	管理员	
4	国家环境保护总局机动车排污监控中心	G5TAQQCTEST	2013-12-09 15:05:31.0	已发送	管理员	管理员	
5	国家环境保护总局机动车排污监控中心	QQCG5	2013-12-09 10:50:40.0	已发送	管理员	管理员	
6	国家环境保护总局机动车排污监控中心	G5QQQQQQC	2013-12-09 10:46:56.0	已发送	管理员	管理员	
7	国家环境保护总局机动车排污监控中心	G5QQQC	2013-12-09 10:44:36.0	已发送	管理员	管理员	
8	国家环境保护总局机动车排污监控中心	g5qqc	2013-12-09 10:24:52.0	已发送	管理员	管理员	
9	国家环境保护总局机动车排污监控中心	TEST1	2013-08-14 17:01:13.0	已发送	管理员	管理员	

图 1-12

列表中包括了企业名称、申报函文件号、申请时间、状态及发送人、创建人、选项。在列表下方有三个按钮： 查看明细 发送申报函 删除申报函

查看明细 查看选择申报函包含的申报表。

发送申报函 发送选择的申报函。

删除申报函 删除选择的申报函，只有未发送的申报函才能被删除。

4. 查询计划书 点击 查询计划书 菜单进入到查询页面（图 1-13）。

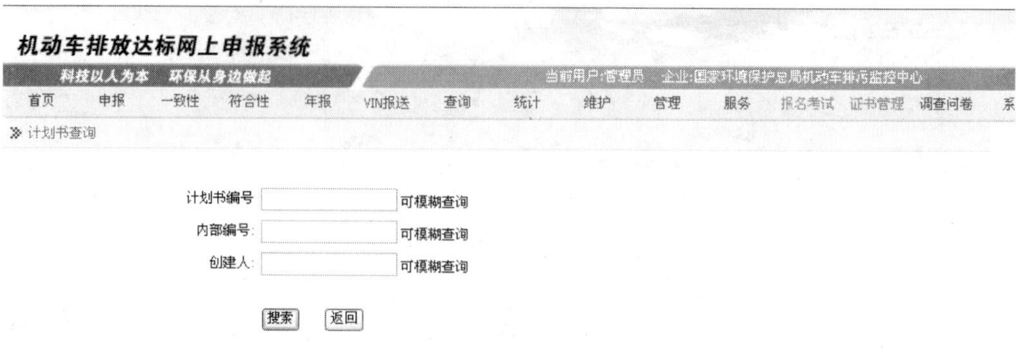

图 1-13

输入要查询的计划书编号或内部编号，点击 搜索 按钮，系统会把查询结果列到列表中（图 1-14）。

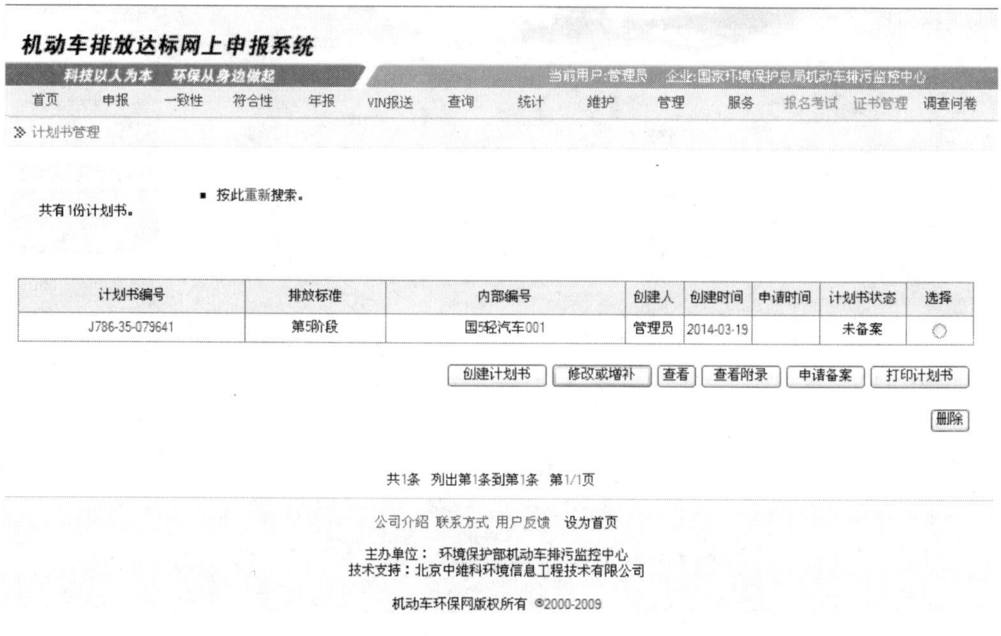

图 1-14

列表中列出来计划书编号，内部编号，创建人，创建时间，申请时间及状态。用上方的 ▪ **按此重新搜索**，可以重新进入搜索计划书的页面。在列表下方有相应的功能按钮：

创建计划书 修改或增补 查看 查看附录 申请备案 打印计划书 删除

创建计划书 创建一份新的计划书。

修改或增补 修改或增补选择的计划书。

查看 查看选择的计划书。

查看附录 查看选择的计划书的附录信息。

申请备案 对选择的计划书及附录 A 提出备案申请。

打印计划书 打印选择的计划书信息。

删除 删除选择的计划书及它包含的附录 A：① 只有计划书及它所有的附录 A 都处于未备案或被打回的状态才可以被删除；② 如果附录 A 被改装车厂使用，不能被删除；③ 出具检验报告的附录 A 不能被删除。

5. 查询车型附录　点击 查询车型附录 菜单进入到搜索页面（图 1-15）。

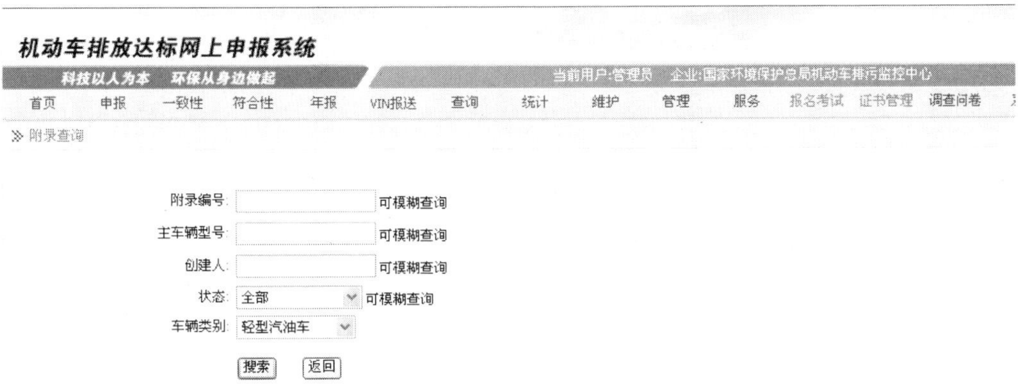

图 1-15

输入要查询的附录编号或主车型号，选择车辆类别，点击 搜索 按钮，系统会把符合条件的附录 A 列到列表中（图 1-16）。

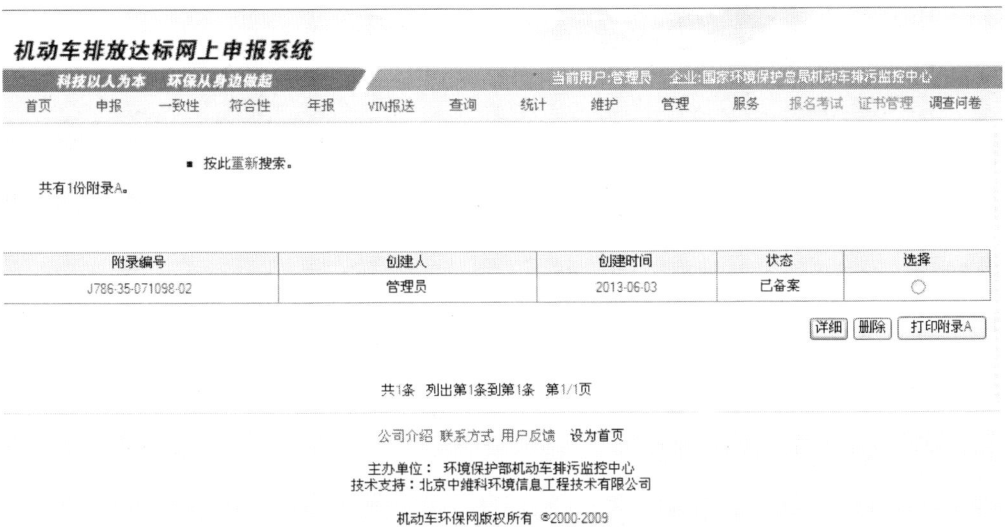

图 1-16

列表包括了附录 A 编号，创建人，状态。列表下方有三个功能按钮：详细 删除 打印附录A

详细 查看选择的附录 A 详细信息。

删除 删除选择的附录 A：① 只有未备案或被打回的附录 A 才能被删除；② 只有未被改装车引用的附录 A 才能被删除；③ 已出检验报告的附录 A 不能删除。

打印附录 A 打印选择的附录 A 信息。

（二）维护

维护包括个人信息、密码修改。

1. 个人信息　点击 个人信息 菜单进入查看个人信息的页面（图 1-17）。

图 1-17

可以修改个人信息和查看已有的操作证书信息。

获得资格证书后，请输入姓名和身份证编号，点 保存 按钮绑定证书信息，如保存后无证书信息显示，请联系技术支持。

2. 密码修改 点击 密码修改 菜单进入修改密码页面（图 1-18）。

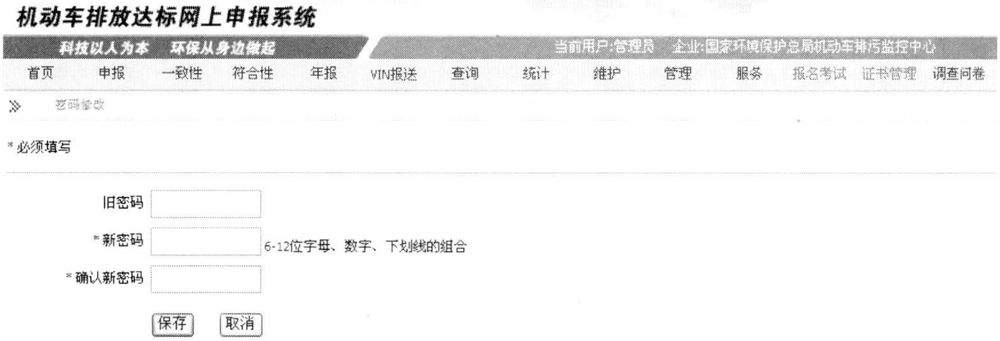

图 1-18

按要求输入新旧密码，点击 保存 按钮。

（三）管理

管理包括企业资料、用户管理、检测机构。

1. 企业资料　点击 企业资料 菜单进入查看企业信息的页面。

用户可查看登记在系统中的企业信息资料，确保准确、完整、真实。

初次登录使用系统的用户需确认企业所属类别，用户根据实际情况选择相应的类别（图 1-19）。

图 1-19

【注意事项】

（1）如企业资料需要更新，将更新内容传真至网站并通知检验机构更新系统中的企业资料。

（2）检测机构出具的检验报告中，企业信息是从系统中自动提取。为避免检验报告中企业资料有误请务必通知检测机构及时更新。

（3）企业用户不可自行更新企业名称、企业地址和法定代表人，需申请变更后联系网站进行修改。

（4）只有管理员有权限修改企业资料信息。

（5）登录后需选择企业类别后才可进行申报。

2. 用户管理　对于每个企业，系统默认一个拥有全部权限的系统管理员用户，即申请开通时所分配的Admin用户。

点击用户管理菜单，进入用户管理页面，可以查看操作人员列表（图1-20）。

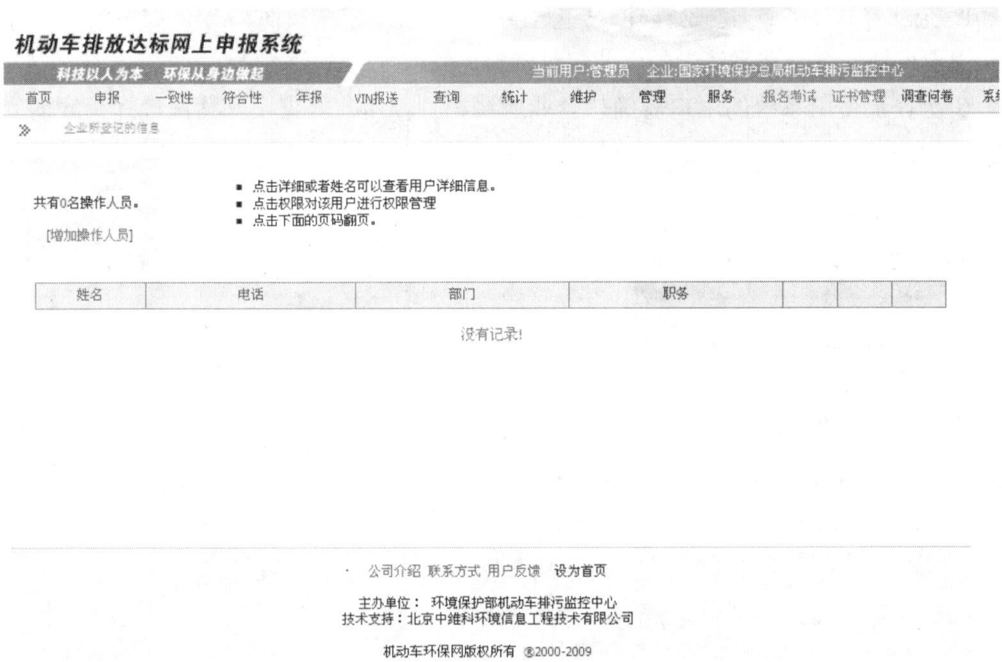

图 1-20

（1）新增操作用户　如需要增加多个申报操作人员，可点击 增加操作人员，进入增加用户的界面（图1-21）。

图 1-21

按提示逐一填写用户名、密码、E-mail、电话等信息后，点击 确定 保存。

【注意事项】

管理员在创建用户后不能再修改用户的相关信息。

（2）查看用户 在用户列表页面中点击 详细 可查看该用户的具体信息情况（图 1-22）。

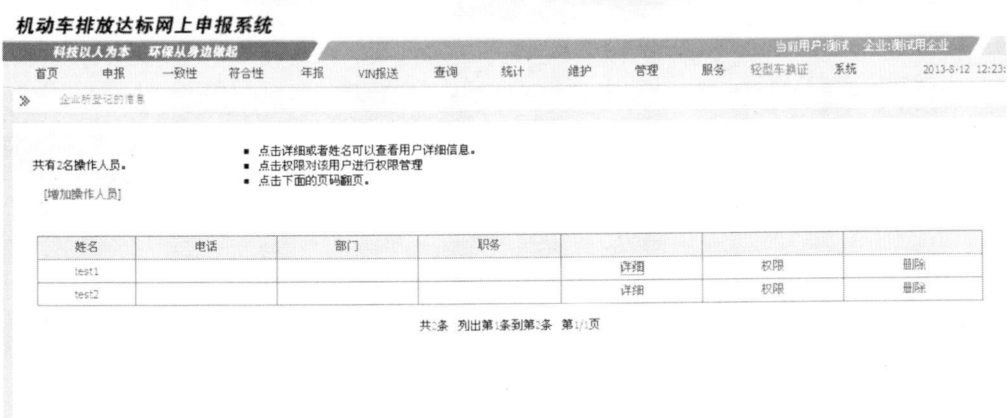

图 1-22

（3）删除用户　在用户列表页面点击删除，系统提示确认（图 1-23）。

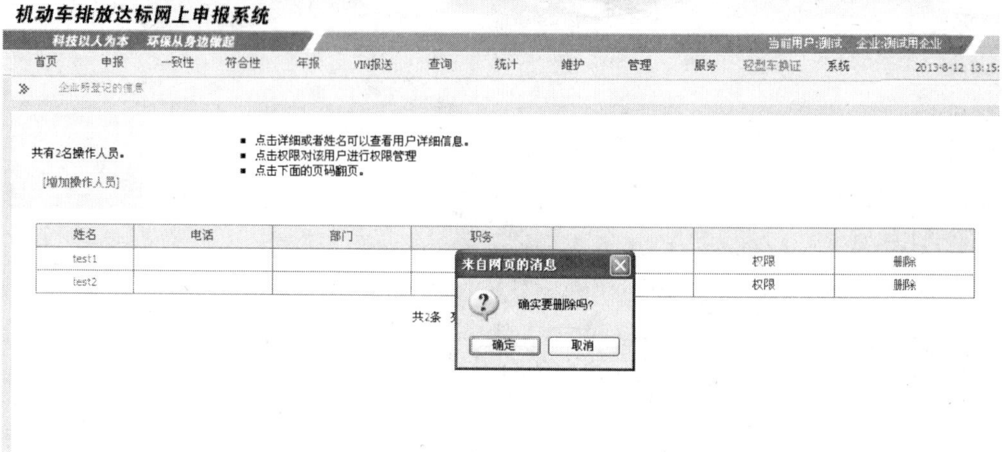

图 1-23

【注意事项】

（1）只有系统管理员可以进行用户管理。

（2）在增加用户时，应同时为该用户分配权限。

（4）权限管理　在用户列表页面点击权限，可以查看该用户拥有的权限（图 1-24）。

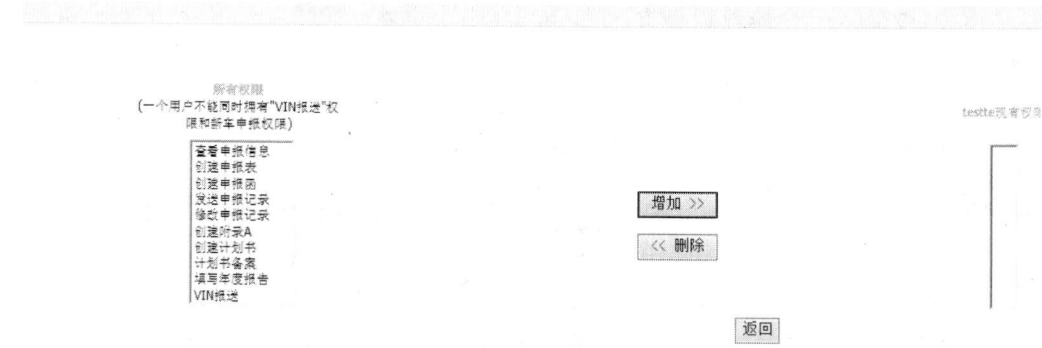

图 1-24

网上申报系统权限划分如下：

	说明
查看申报信息	查看详细申报表、申报函及检验报告
创建申报表	创建申报函
创建申报函	发送申报函
修改申报记录	修改申报表和申报函
创建附录 A	创建附录 A
创建计划书	创建计划书
计划书备案	计划书申请备案
填写年度报告	填写年度报告
VIN 报送	报送 VIN 信息

选中要增加的权限，点击增加>>。反之选中右侧要删除的权限，点击<<删除，可撤销该权限。

【注意事项】

（1）新增加的用户默认无任何权限。

（2）除了系统管理员，其他用户不能同时拥有“新车申报权限”和“vin 报送权限”。

3. 检测机构　点 检测机构 菜单进入选择检测单位的页面（图 1-25）。

企业选择自己的主检单位后，点列表下方的 确定修改 按钮保存。如果有多个主检单位，可以逐个选择后保存。

如果没有给检测机构添加权限，那么检测机构不能下载附录出具检验报告。

	检测单位	地址	联系电话	EMAIL	下载
1	国家摩托车质量监督检验中心(天津)	天津市南开区卫津路92号天津大学内	022-27404944	nmtctj@tju.edu.cn	☐
2	机动车环保网(测试)				☐
3	北京理工大学汽车排放质量监督检验中心	北京市海淀区中关村南大街5号北京理工大学3系汽车排放质量监督检验中心	010-68912035	gys88@bit.edu.cn	☐
4	北京汽车研究所有限公司实验中心	北京市丰台区方庄南路9号院	67629678	bjzjs@vip.163.com	☐
5	国家汽车质量监督检验中心(长春)	长春市创业大街1063号	0431-85788311	jczx_qy@faw.com.cn jyqjd_qy@faw.com.cn	☐
6	泛亚汽车技术中心有限公司实验室	上海浦东新区龙东大道3999号	021-28919067/021-28919062	yuqin_gu@patac.com.cn yuxiao_li@patac.com.cn	☐
7	国家轿车质量监督检验中心	天津市河东区程林庄道天山南路10号信箱	022-84771805/6	tatc@catarc.ac.cn	☐
8	国家内燃机质量监督检验中心(上海机械工业内燃机检测所)	上海市军工路2500号	021-65741418	jianceb@126.com	☐
9	国家农机具质量监督检验中心	北京市德胜门外北沙滩一号	010-64883329 64882637	txs@caams.org.cn	☐
10	国家汽车质量监督检验中心（襄阳）	湖北省襄阳市高新区汽车试验场	0710-3392492 3393243	wwr@mail.nast.com.cn; yxs@mail.nast.com.cn	☐
11	国家拖拉机质量监督检验中心	河南省洛阳市涧西区西苑路39号	0379-62690116	lywuqi@163.com	☐
12	机械工业拖拉机农用运输车产品质量检测中心	中国吉林省长春市人民大街5988号	0431-85095369 0431-85095432	NX070008@autoinfo.gov.cn	☐
13	济南汽车检测中心	济南英雄山路165号	0531-85586160/6171	jnatc@sohu.com	☐
14	交通部汽车运输行业能源利用监测中心	北京市海淀区西土城路8号	010-62014121, 62079180	Motortest@sina.com	☐

图 1-25

第二节　新车生产一致性保证体系申报操作

一致性申报包括：商标管理、创建计划书、计划书管理。

一、商标管理

点击 一致性 菜单中的商标管理，进入商标管理界面（图 1-26）。

图 1-26

（1）输入中文商标或英文商标，点 提交 按钮，增加新的商标信息。

（2）通过列表中的 修改 可以直接修改已经提交了的商标信息。

二、创建计划书附录 A

（一）创建计划书

1．点击一致性 菜单中的创建计划书开始创建，进入选择车辆类别界面（图 1-27）。

【注意事项】

（1）根据选择阶段不同，填写的资料格式也是不同的，选择后不可修改。

（2）内部编号为用户自定义的编号，一个计划书只对应一个内部编号且内部编号不能修改。

填写内部编号，选择排放阶段、车辆类别，点击 下一步 按钮。

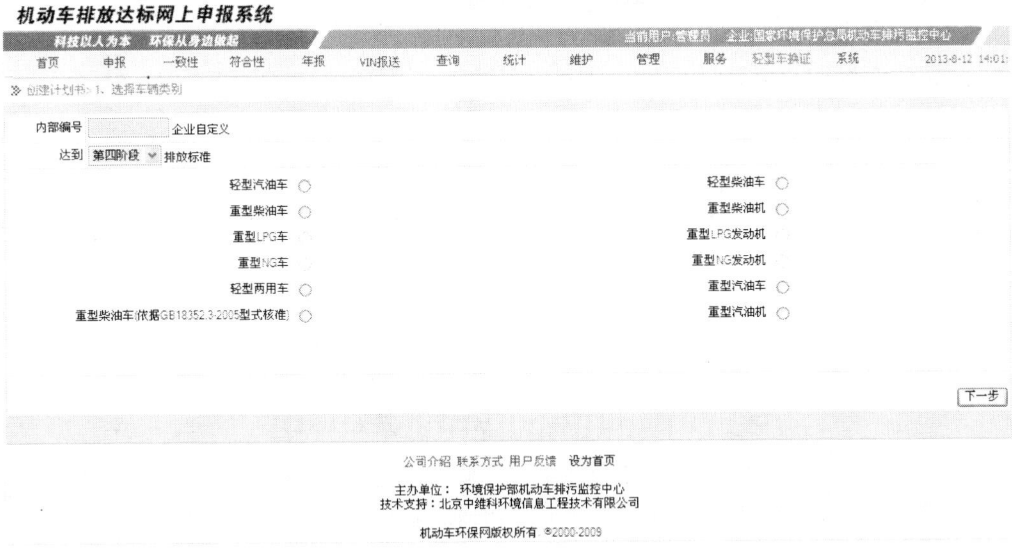

图 1-27

2．选择计划书所执行的国家标准，填写企业标准（如多个企业标准请用逗号隔开填写）（图 1-28）。

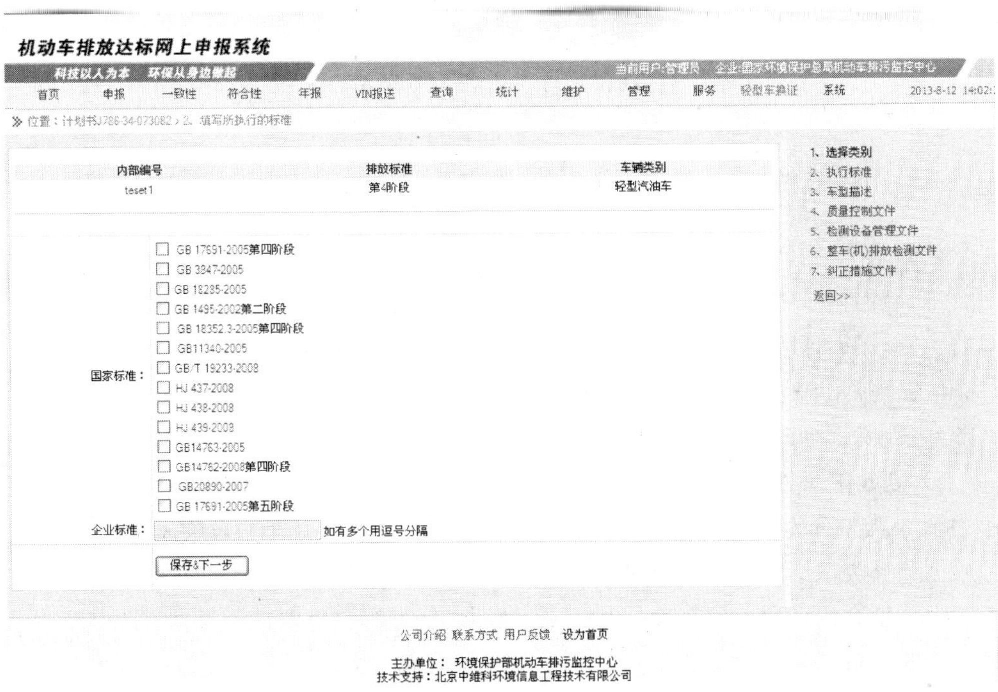

图 1-28

点击保存&下一步。

3．进入车型描述页面。每一系列车型需要填写一个车型描述，称为附录 A（具体内容要求参考相关标准）。显示所有的附录 A 列表（图 1-29）。

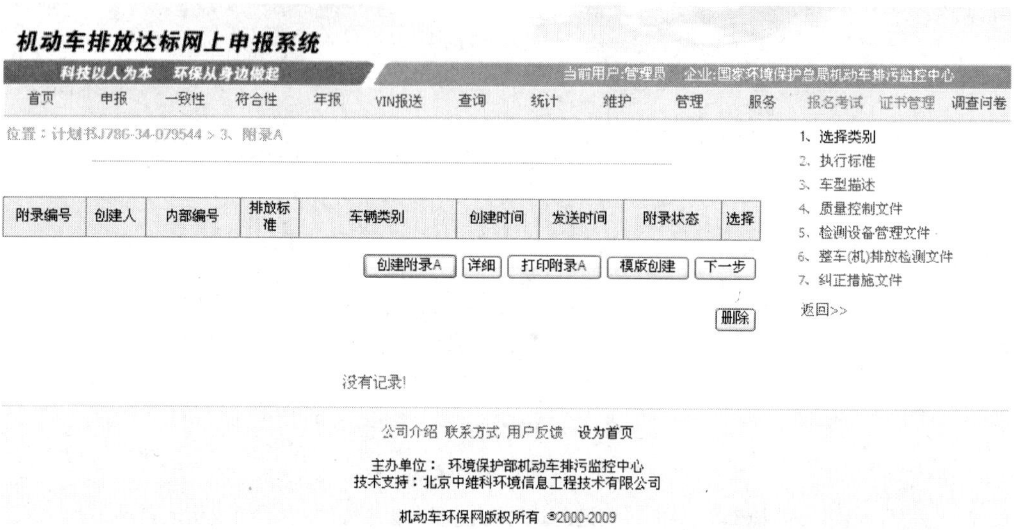

图 1-29

列表下方按钮说明：

创建附录 A 创建一个新的附录 A。

详细 查看附录 A 详细参数。

打印附录 A 打印选择的附录 A。

模版创建 用一个已经填写完整的附录 A 作为模版创建一份新的附录。

删除 删除选择的附录 A（已出检验报告的附录 A 不能被删除）。

（二）创建附录 A

附录 A 类型分为：自产整车、二类底盘（整车改装）改装车、三类底盘改装车。

根据选择类型不同，所填写的格式不同。

下面分别介绍轻型车自产整车附录 A 填写、轻型车二类底盘（整车）改装车附录 A 填写、重型车自产整车附录 A 填写、重型车二类底盘（整车）改装车附录 A 填写、重型车三类底盘改装车附录 A 填写。

例一　轻型车自产整车附录 A

以轻型汽油车为例，点击 创建附录 A 按钮后，选择附录类型（图 1-31）。

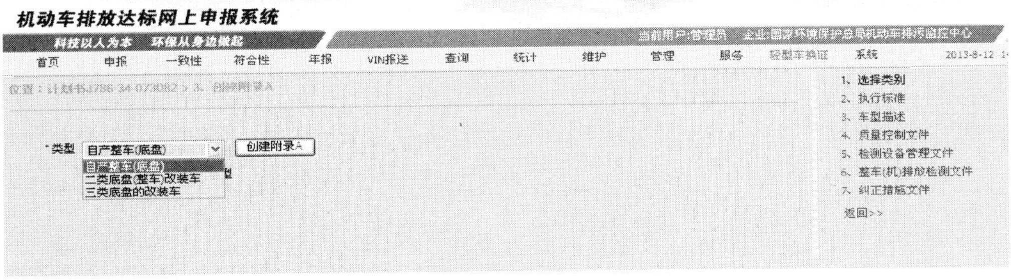

图 1-31

选择类型 自产整车（底盘），点“创建附录 A”按钮，创建附录 A。

附录 A 填写分为：概述、总体机构特征、动力系、传动系、悬挂系、轮胎、车体。

1. 填写概述（图 1-32）

◇ 按提示填写车型型号、商标等信息，然后点击右下角保存。

◇ 如无商标选择，请进入“商标管理”添加。

◇ 是否耐久性试验基准车型，选择“是”，并新增开始时间、结束时间、检测机构（图 1-33）。

图 1-32

图 1-33

◇ 如果有多个扩展车型，填写扩展车型型号，名称后点击增加按钮填写扩展车型参数（图 1-34）。

图 1-34

2．填写总体特征（图 1-35）

图 1-35

◇ 上传照片和示意图，上传成功后会有缩略图显示。

◇ 填写完后点击保存。

* 上传图片说明

（1）点击 上传图片 按钮；

（2）在新窗口中点击 浏览... 按钮，选择要上传的图片，点击 上传 按钮上传图片；

（3）成功后自动返回上一页。

【注意事项】

A. 图片上传成功后，会有缩略图显示到网页上；

B. 系统要求图片格式为 JPG 类型，大小限制 512 kB，图片尺寸建议分为：

尺寸	640×480	1024×768
类别名称	照片类	示意图纸类

3．填写发动机的信息（图 1-36）。

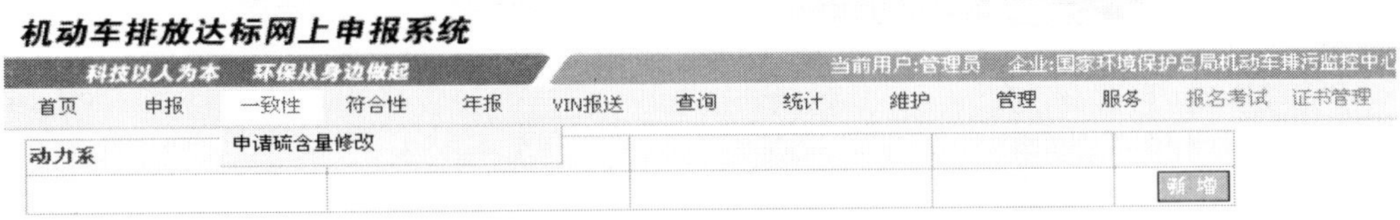

图 1-36

点击新增，填写发动机信息。

（1）按要求填写发动机 概述（图 1-37）。

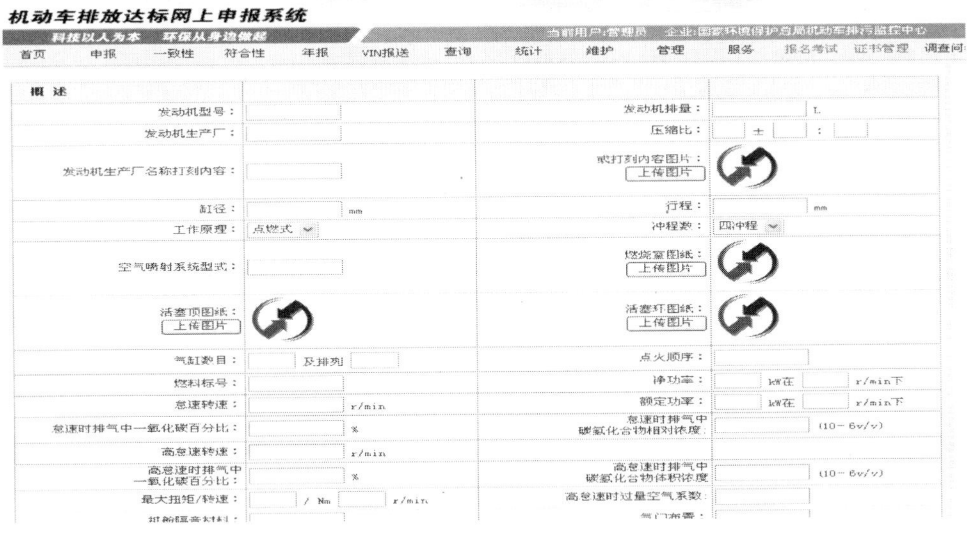

图 1-37

（2）填写发动机 燃料喷射（图 1-38）。

图 1-38

（3）填写发动机 供油泵（图 1-39）。

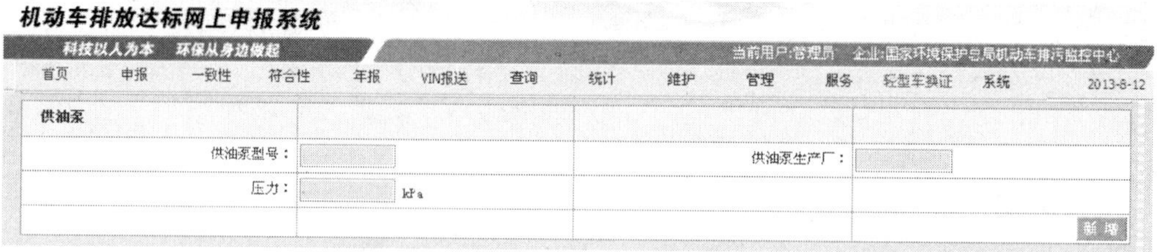

图 1-39

（4）填写发动机 点火装置（图 1-40）。

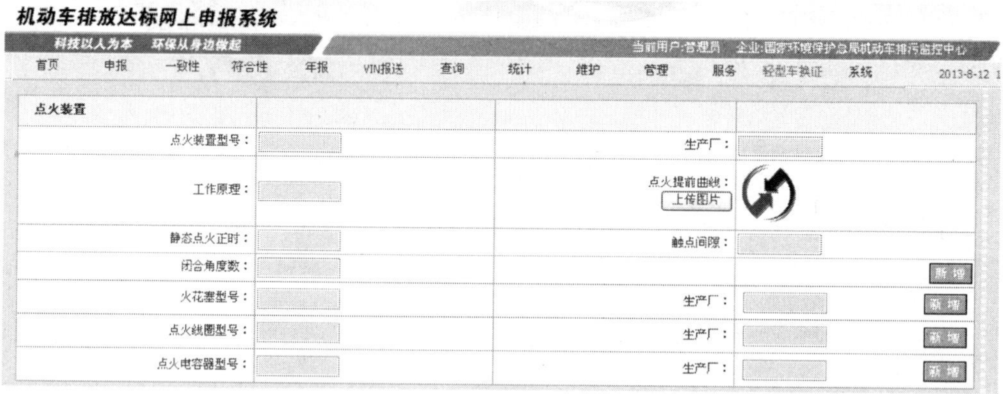

图 1-40

（5）填写发动机 冷却系统（图 1-41）。

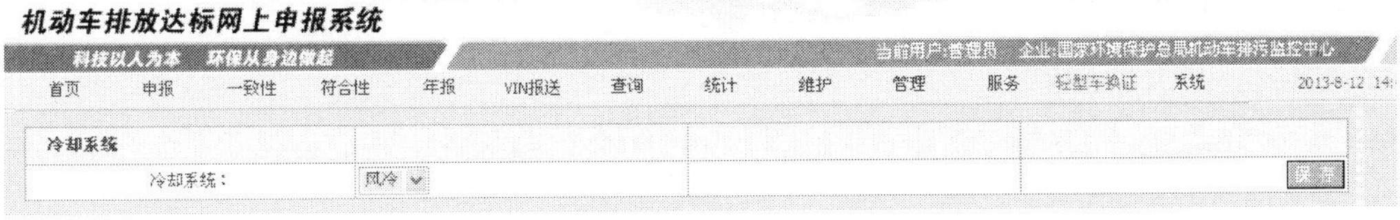

图 1-41

（6）填写发动机 进气系统和排气系统（图 1-42）。

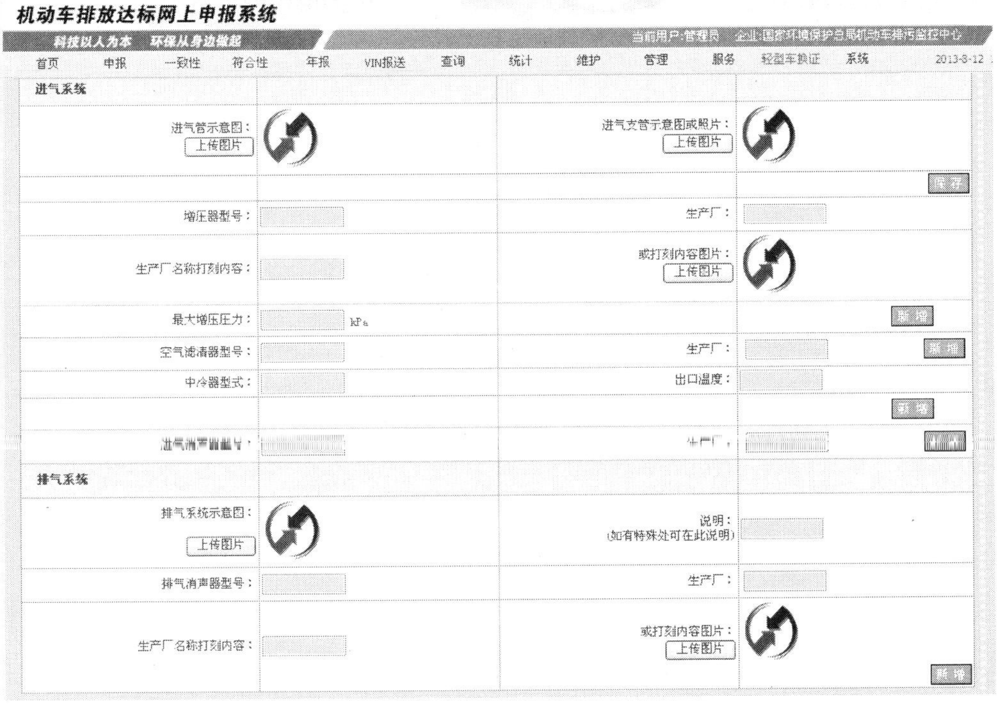

图 1-42

（7）填写发动机 配气正时（图 1-43）。

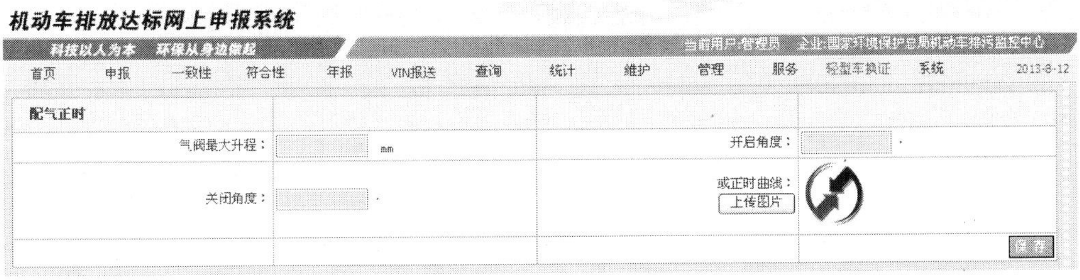

图 1-43

（8）填写发动机 润滑剂（图 1-44）。

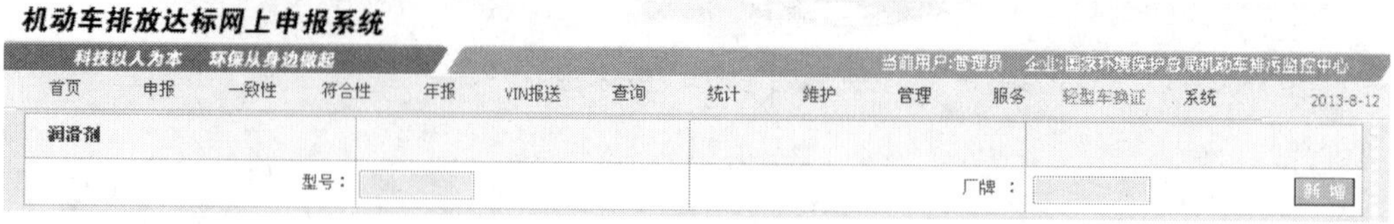

图 1-44

（9）填写发动机 污染控制装置（图 1-45）。

图 1-45

（10）填写发动机 排气再循环（图 1-46）。

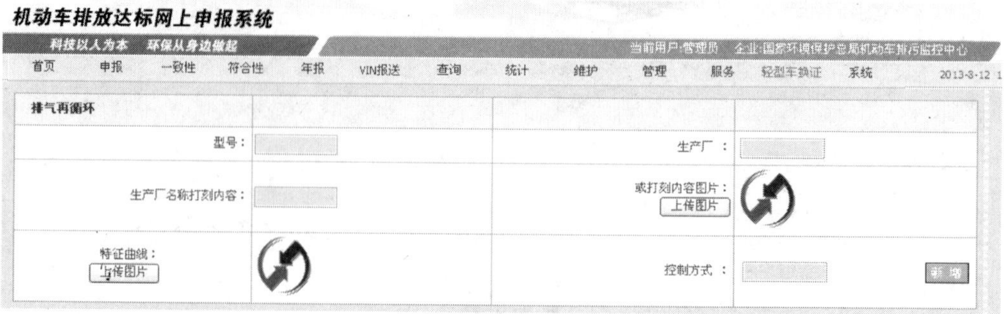

图 1-46

（11）填写发动机 OBD、其他排放控制系统（图 1-47）。

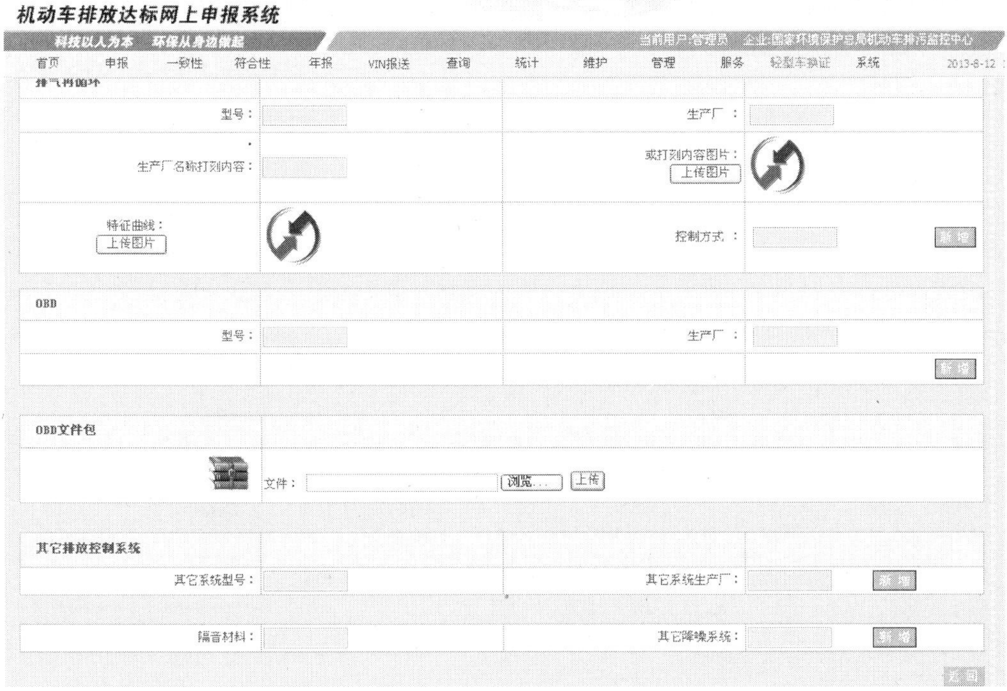

图 1-47

填写完成后点击返回，回到上一级页面，新增的发动机显示到列表里面（如图 1-48）。有多个发动机，继续点击新增填写。

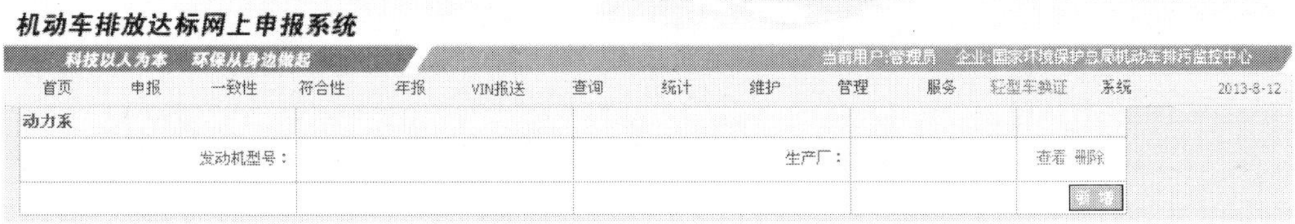

图 1-48

4．填写传动系信息

填写各项后点击新增（图 1-49）。

图 1-49

5．填写悬挂系、车体、轮胎（图 1-50）。

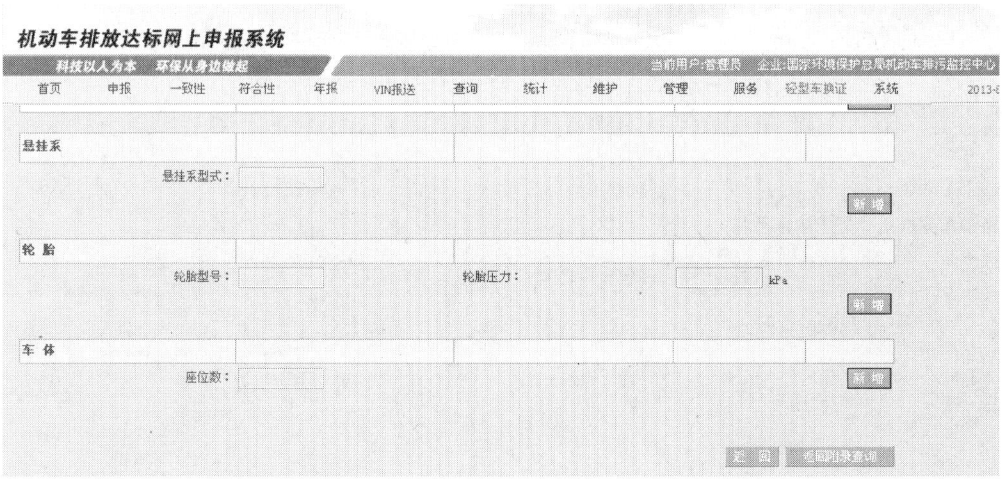

图 1-50

全部填写完毕后，点击返回。可以看到所创建的附录列表。

例二 轻型车二类底盘（整车）改装车附录 A

选择类型 二类底盘（整车）改装车，点“创建附录 A”按钮。

进入附录 A 界面，分为概述、总体特征、动力系、车体（图 1-51）。

图 1-51

1. 填写概述

◇ 按提示填写车型型号、商标等信息，然后点击右下角保存。

◇ 如无商标选择，请进入“商标管理”添加。

◇ 如果有多个扩展车型，填写扩展车型型号，名称后点击增加按钮填写扩展车型参数（图 1-52）。

二类底盘（整车）改装车附录 A 需要找原车信息，点概述中的 找原车型 按钮，进入到找原车型页面（如图 1-53）。

输入要查找的原车信息，点 确定 按钮搜索原车型（如图 1-54）。

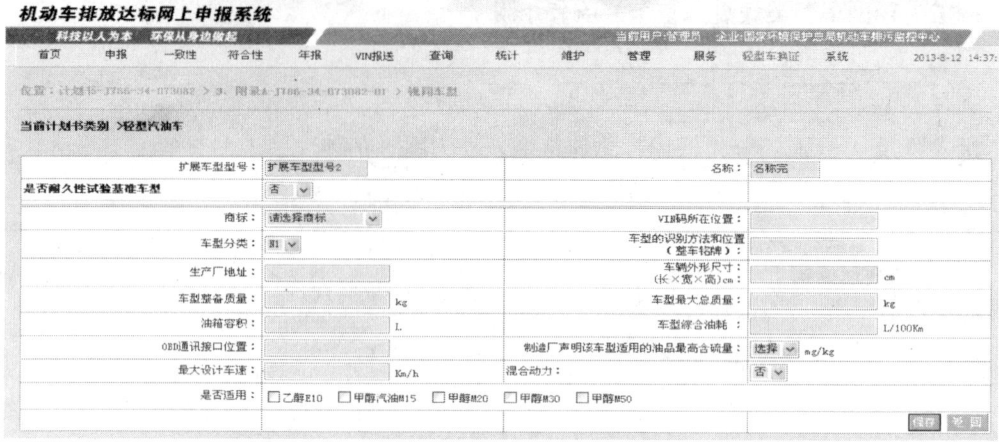

图 1-52

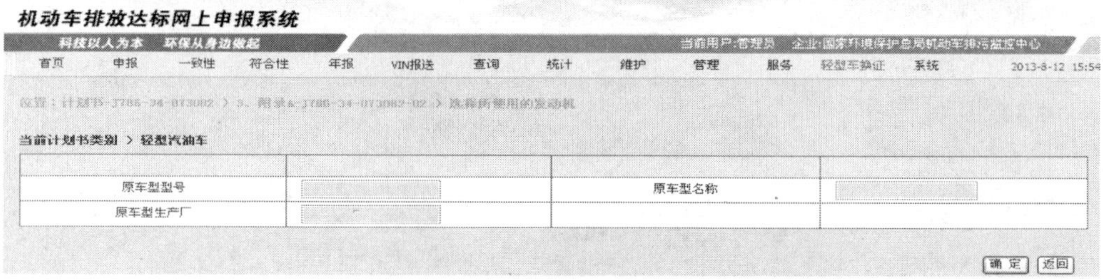

图 1-53

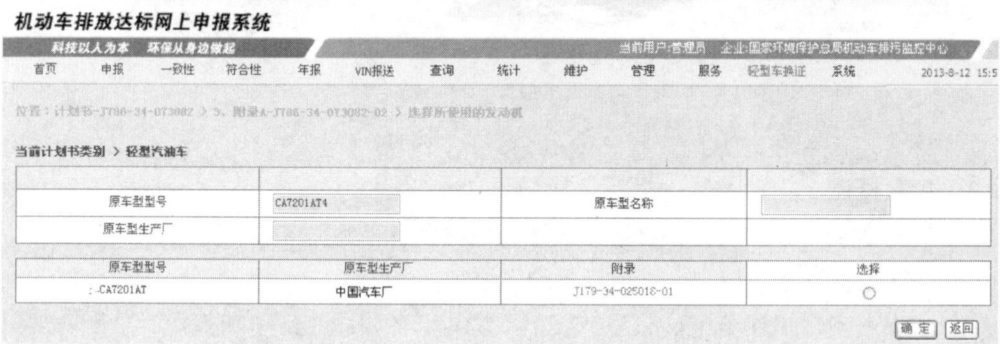

图 1-54

【注意事项】

（1）可以模糊查询，如找不到，可尝试输入较少关键字进行查找。

（2）如果仍未找到所使用的原车，请和原车厂家联系，确定原车附录是否已进行备案。

选择原车，点 确定 按钮返回。原车的信息会显示到概述里面。如图 1-55。

图 1-55

【注意事项】

选择完原车型后，请点 保存 按钮保存。

2．填写总体特征（图 1-56）

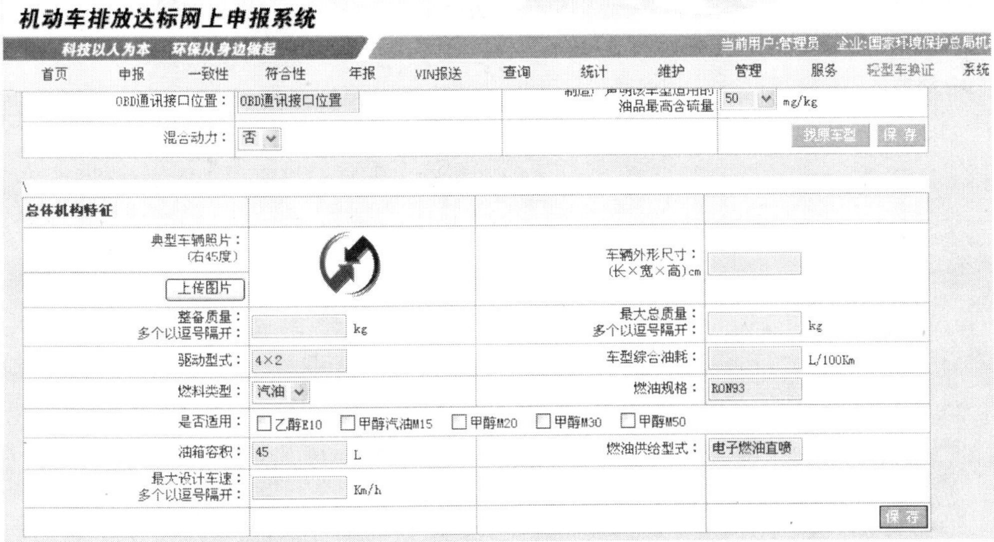

图 1-56

◇ 找了原车型后，会有部分原车参数显示到总体机构特征中。

◇ 上传照片和示意图，上传成功后会有缩略图显示。

◇ 填写完后点击保存。

* 上传图片说明

（1）点击 上传图片 按钮。

（2）在新窗口中点击 浏览... 按钮，选择要上传的图片，点击 上传 按钮上传图片。

（3）成功后自动返回上一页。

【注意事项】

A. 图片上传成功后，会有缩略图显示到网页上。

B. 系统要求图片格式为 JPG 类型，大小限制：512 kB，图片尺寸建议分为：

尺寸	640×480	1024×768
类别名称	照片类	示意图纸类

3．填写发动机的信息（图 1-57）

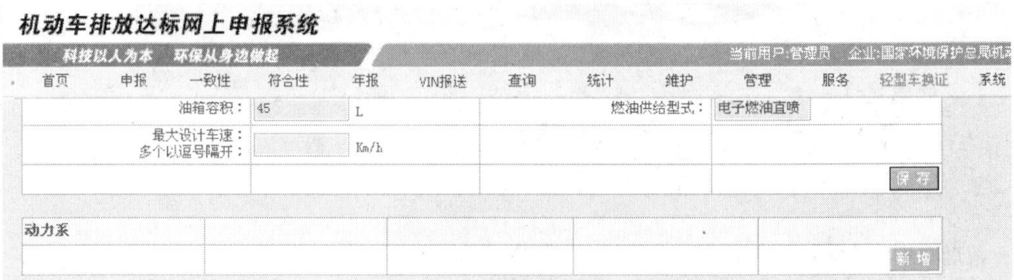

图 1-57

点击新增，系统显示原车型所使用的所有发动机，选择车型所采用的发动机（图 1-58）。

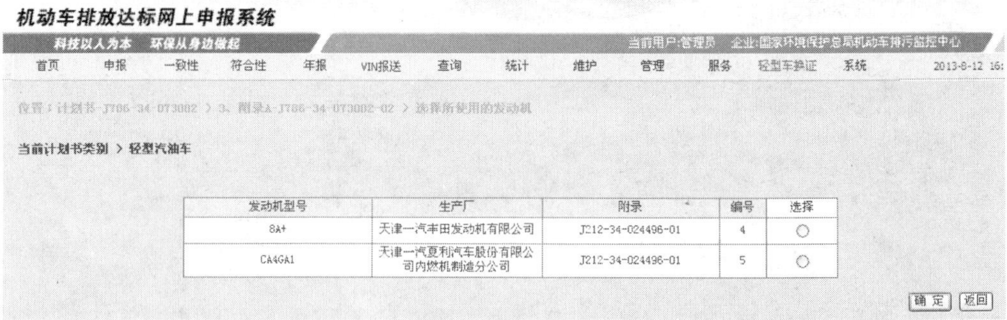

图 1-58

选择后，点击 确定 返回（图 1-59）。

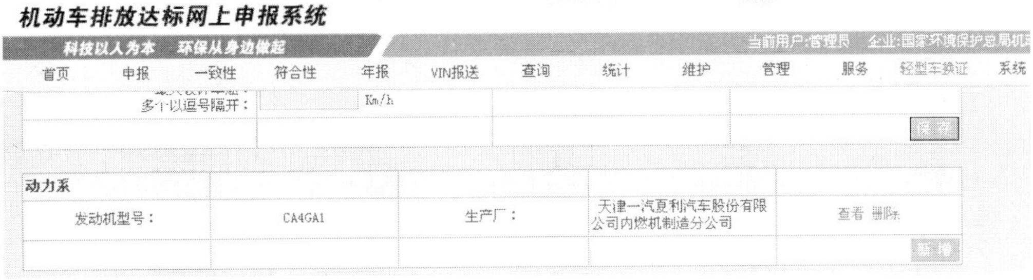

图 1-59

选择的发动机会显示到列表中。点列表中的 查看 可以查看发动机详细信息，二类底盘（整车）改装车附录 A 不能修改发动机的信息。

4．填写车体信息

点 新增 按钮增加（图 1-60）。

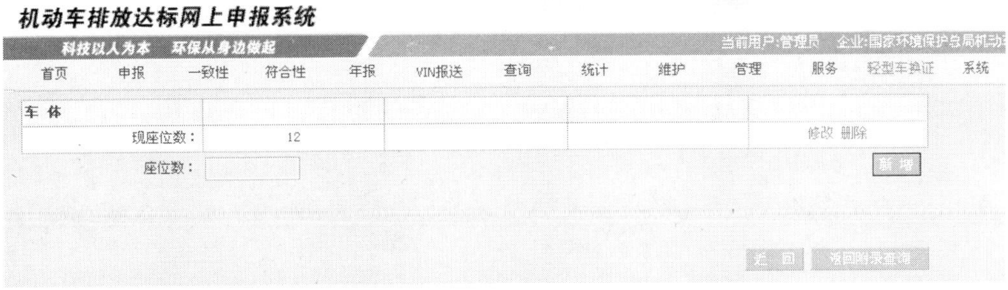

图 1-60

填写完毕后点击 返回 附录列表。

例三　重型车自产整车附录 A

以重型柴油车为例，点击 创建附录 A 按钮后，选择附录类型（图 1-61）。

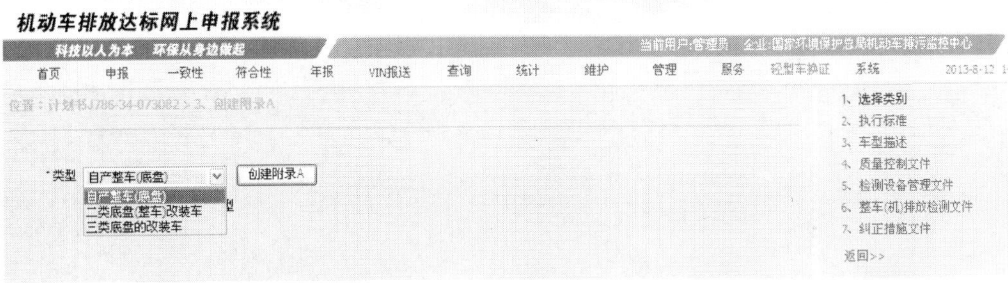

图 1-61

选择类型 自产整车（底盘），点“创建附录 A”按钮。

自产整车（底盘）附录 A 填写，分为概述、总体特征、动力系、传动系、降噪措施和悬挂系。

1．填写概述

◇ 按提示填写车型型号、商标等信息，然后点击右下角保存。

◇ 如无商标选择，请进入“商标管理”添加。

◇ 如果有多个扩展车型，填写扩展车型型号，名称后点击增加按钮填写扩展车型参数（图 1-63）。

图 1-63

◇ 填写底盘信息。

如果对应多个底盘，每填写底盘信息后，点击新增底盘（图 1-64）。

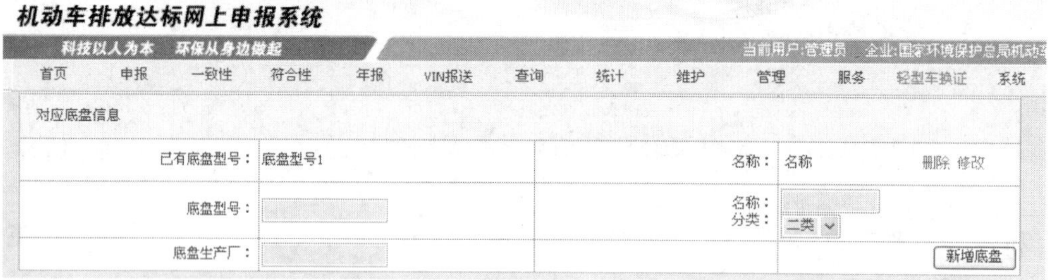

图 1-64

2．填写总体特征（图 1-65）

图 1-65

◇ 上传照片和示意图，上传成功会有缩略图显示。

◇ 填写完后点击保存。

*上传图片说明

(1) 点击 上传图片 按钮。

(2) 在新窗口中点击 浏览... 按钮，选择要上传的图片，点击 上传 按钮上传图片。

(3) 成功后自动返回上一页。

【注意事项】

A. 图片上传成功后，会有缩略图显示到网页上。

B. 系统要求图片格式为 JPG 类型，大小限制：512 kB，图片尺寸建议分为：

尺寸	640×480	1024×768
类别名称	照片类	示意图纸类

3. 填写发动机的信息（图 1-66）

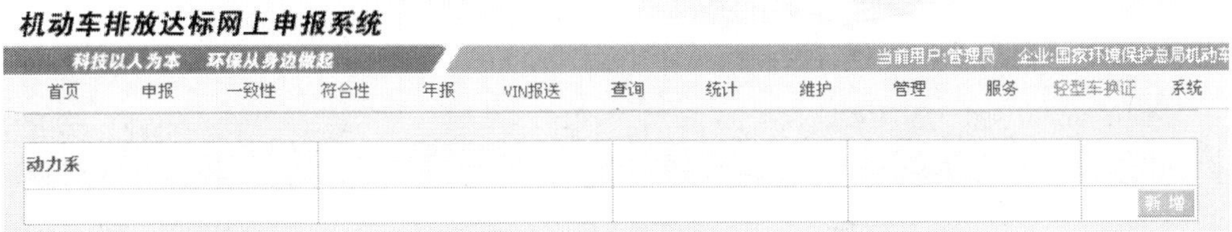

图 1-66

在动力系表格中，点击新增，查找发动机信息（图 1-67）。

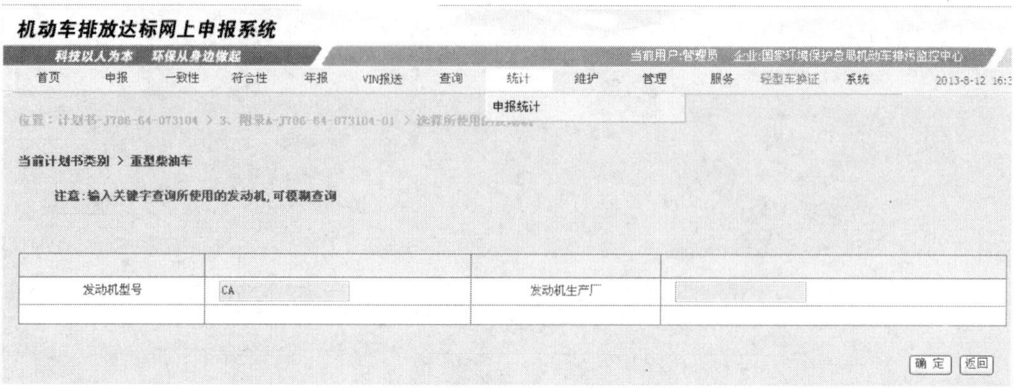

图 1-67

【注意事项】

（1）可以模糊查询，不需要输入完整的型号或生产厂信息，如找不到，可尝试输入较少关键字进行查找。

（2）如果还是不能找到所使用的发动机，请与发动机厂家联系，确定是否已备案。

（3）车型所使用的发动机必须是已进行备案，输入所使用的发动机型号查找（图 1-68）。

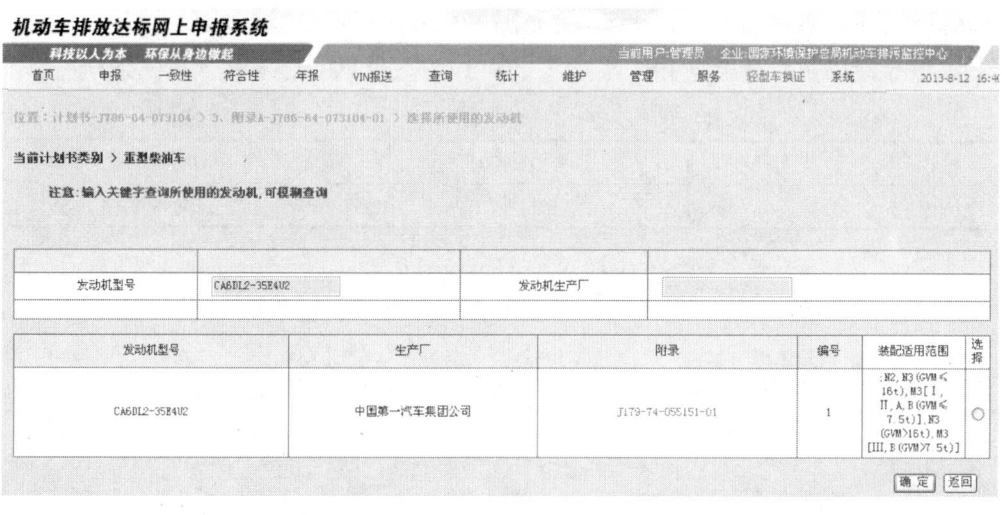

图 1-68

查询到相应发动机后，选择该发动机点击确定，进入填写发动机信息界面（图 1-69）。

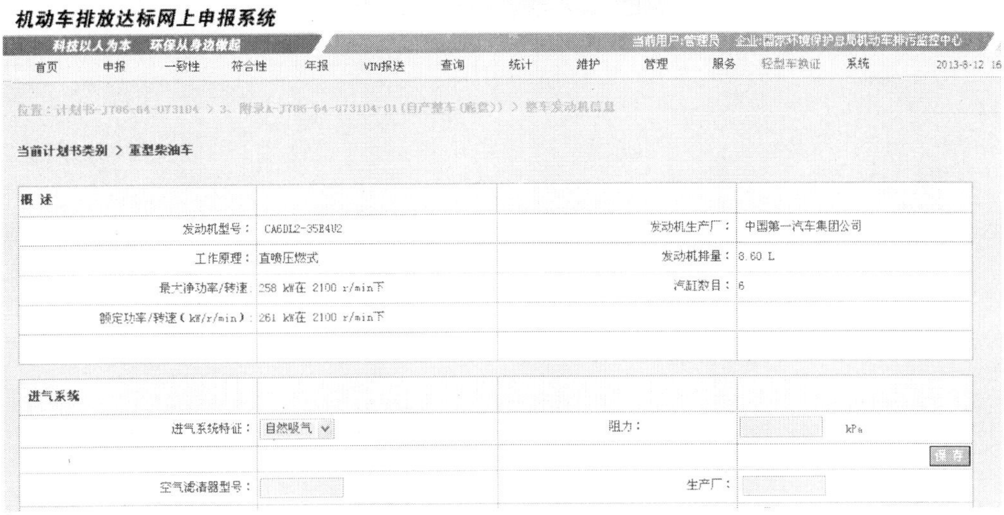

图 1-69

4. 填写进气系统和排气系统信息（图 1-70）

图 1-70

填写完成后点击返回，回到上一级页面，可以看到新增加的发动机。如果有多个发动机，继续点击新增填写。

5. 填写传动系信息

填写各项后点击新增（图 1-71）

图 1-71

6．填写降噪措施和悬挂系信息

填写完后点击新增（图 1-72）。

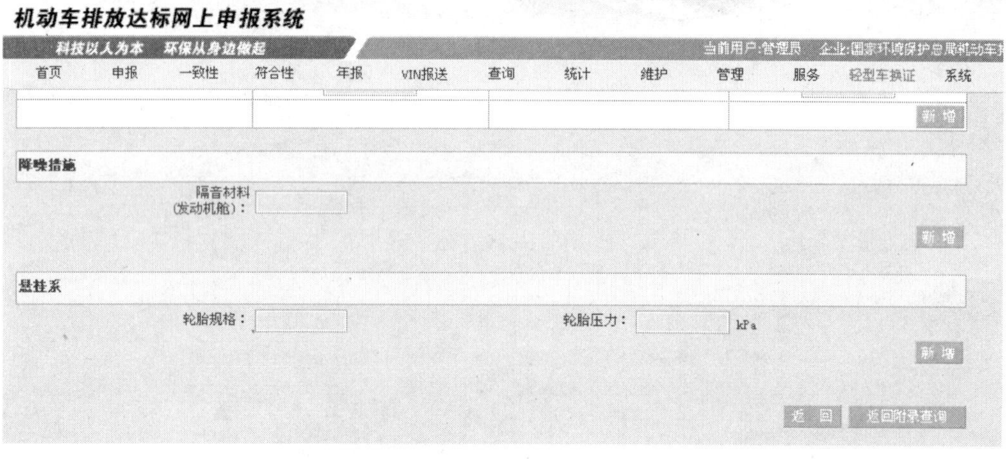

图 1-72

全部填写完毕后，点击返回。可以看到所创建的附录列表。

例四　重型车二类底盘（整车）改装车附录 A

选择类型 二类底盘（整车）改装车，点“创建附录 A”按钮。

进入附录 A 界面，分为概述、总体特征、动力系、传动系（图 1-73）。

图 1-73

1．填写概述

◇ 按提示填写车型型号、商标等信息，然后点击右下角保存。

◇ 如无商标选择，请进入“商标管理”添加。

◇ 如果有多个扩展车型，填写扩展车型型号，名称后点击增加按钮填写扩展车型参数（图 1-74）。

图 1-74

改装车附录 A 需要找底盘或找原车型，点概述中的 找底盘 或找原车型按钮，进入到找底盘或原车页面（图 1-75）。

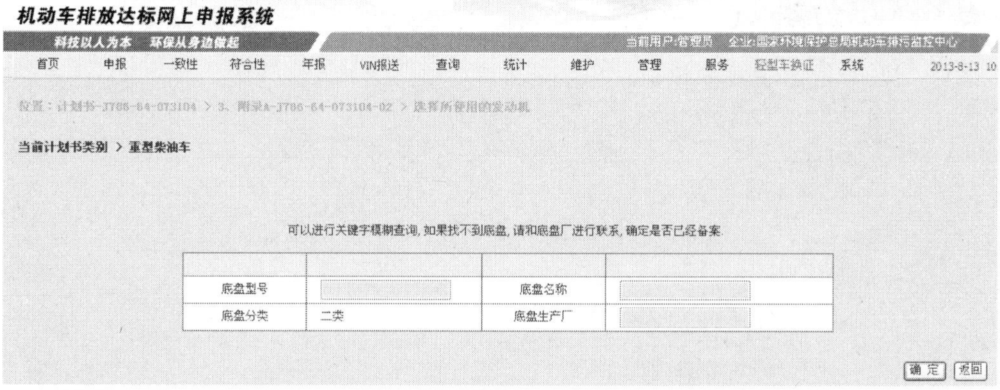

图 1-75

以找底盘为例：

输入要查找的底盘信息，点 确定 按钮搜索底盘（如图 1-76）。

图 1-76

【注意事项】

（1）可以模糊查询，如找不到，可尝试输入较少关键字进行查找。

（2）如果仍未找到所使用的底盘，请用找原车型搜索；如还未找到底盘或原车型，请和底盘厂家联系，确定底盘附录是否已进行备案。

（3）如果搜索出多个底盘附录，请根据使用的发动机选择正确的底盘附录编号。

选择底盘，点 确定 按钮返回。底盘的信息会显示到概述里面，如图 1-77。

图 1-77

【注意事项】

（1）选择完底盘或原车型后，请点 保存 按钮保存。

（2）变更底盘或原车型信息后，请点 保存 按钮保存新的底盘或原车信息，并重新选择动力系信息。

2．填写总体特征（图 1-78）

图 1-78

◇ 找底盘或原车型后，部分底盘或原车型参数会显示到总体机构特征中。

◇ 上传照片和示意图，上传成功后会有缩略图显示。

◇ 填写完后点击保存 按钮保存信息。

* 上传图片说明

（1）点击 上传图片 按钮。

（2）在新窗口中点击 浏览... 按钮，选择要上传的图片，点击 上传 按钮上传图片。

（3）成功后自动返回上一页。

【注意事项】

A. 图片上传成功后，会有缩略图显示到网页上。

B. 系统要求图片格式为 JPG 类型，大小限制：512 kB，图片尺寸建议分为：

尺寸	640×480	1024×768
类别名称	照片类	示意图纸类

3．填写发动机的信息（图 1-79）

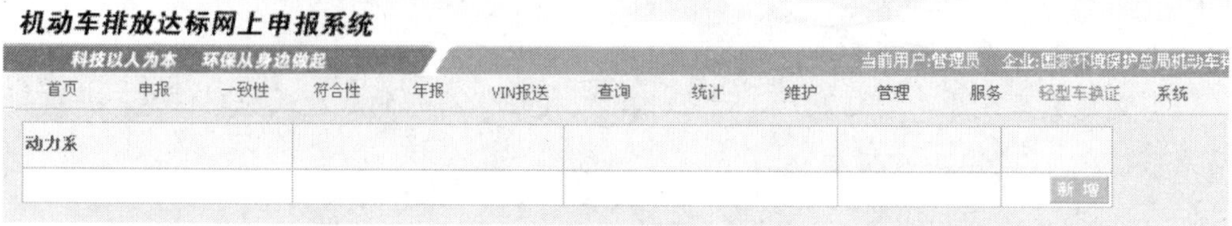

图 1-79

点击新增，系统显示底盘或原车型所使用的所有发动机（图 1-80）。

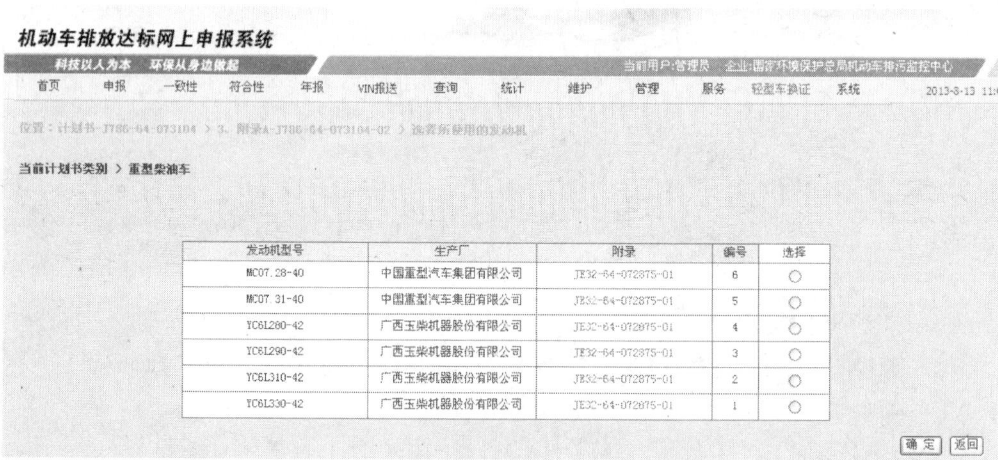

图 1-80

选择车型所采用的发动机，点击 确定 按钮保存发动机信息（图 1-81）。

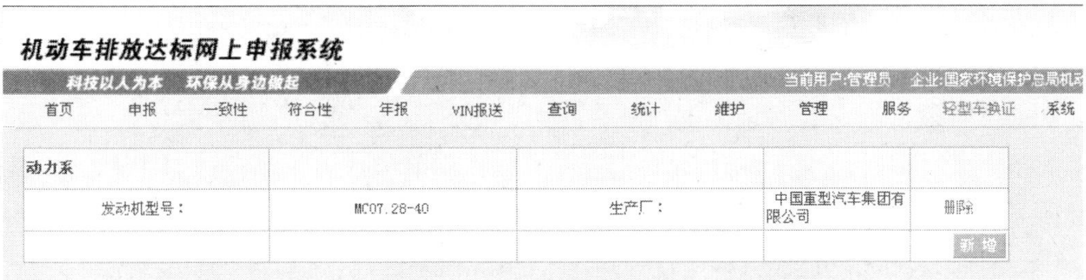

图 1-81

可以看到所增加的发动机列表。

【注意事项】

（1）如果使用同一底盘附录的多款发动机，可使用 新增 按钮增加。

（2）如果使用的发动机在不同的底盘附录，请创建多个改装车附录分别选择。

4．传动系信息（图 1-82）

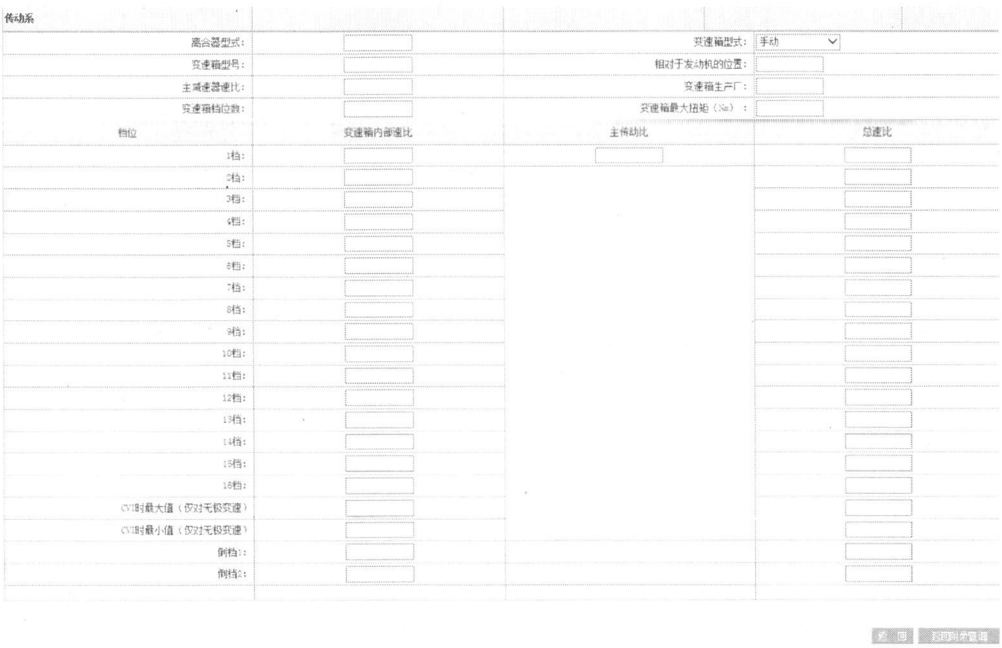

图 1-82

改装车只能查看传动系详细信息，不能修改传动系信息。

填写完毕后点击 返回 附录列表。

例五　重型车三类底盘（整车）改装车附录 A

在创建附录 A 时选择附录类型：三类底盘（整车）改装车。

三类底盘（整车）改装车附录 A 填写内容和自产整车附录 A 填写基本一致，请参照“例三　重型车自产整车附录 A”。

（三）填写质量控制文件

点击下一步按钮，进入质量控制文件页面，按要求填写文件号（图 1-83）。

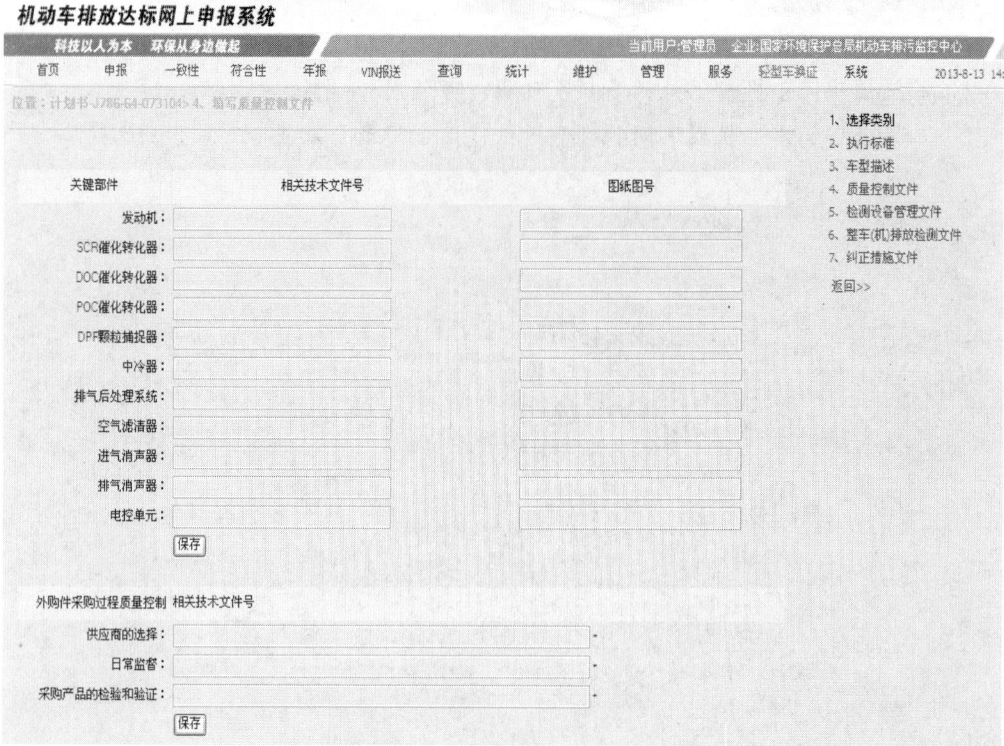

图 1-83

【注意事项】

（1）不同车辆类别要求填写的内容会不同，请根据实际车类填写。

（2）改装车只需要填写带“※”的内容。

（四）填写检验设备管理文件

点击下一步按钮，进入检验设备管理文件页面（图 1-84）。

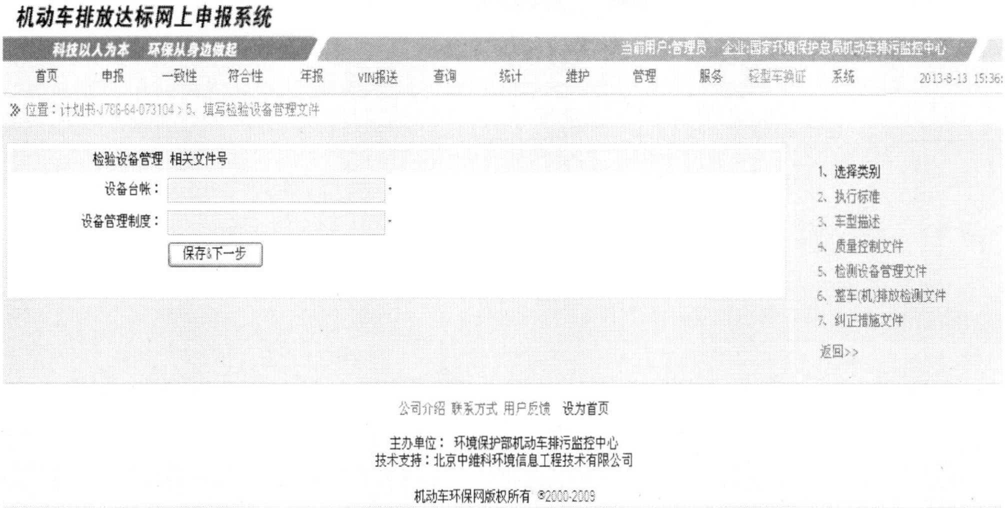

图 1-84

（五）填写整车排放检验管理文件

点击下一步按钮，进入整车排放检验管理文件页面（图 1-85）。

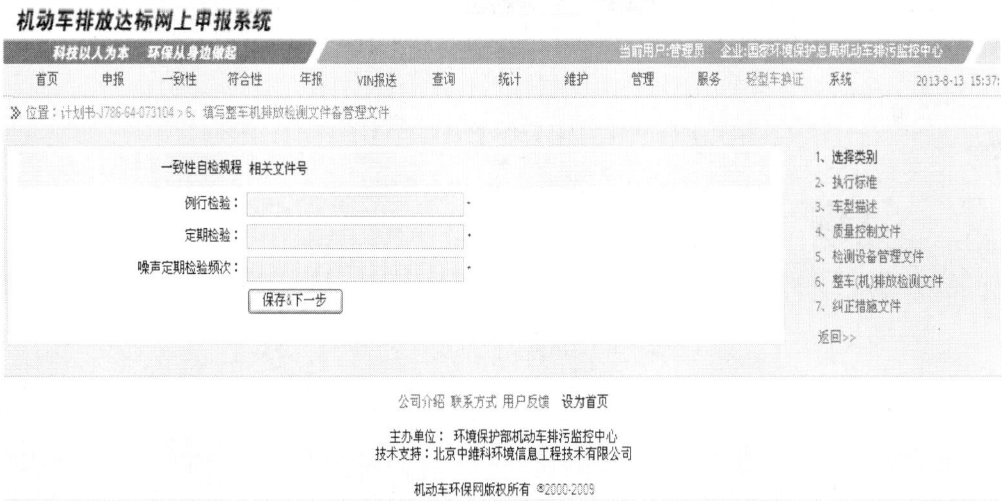

图 1-85

（六）填写纠正措施文件

点击下一步按钮，进入纠正措施文件页面（图 1-86）。

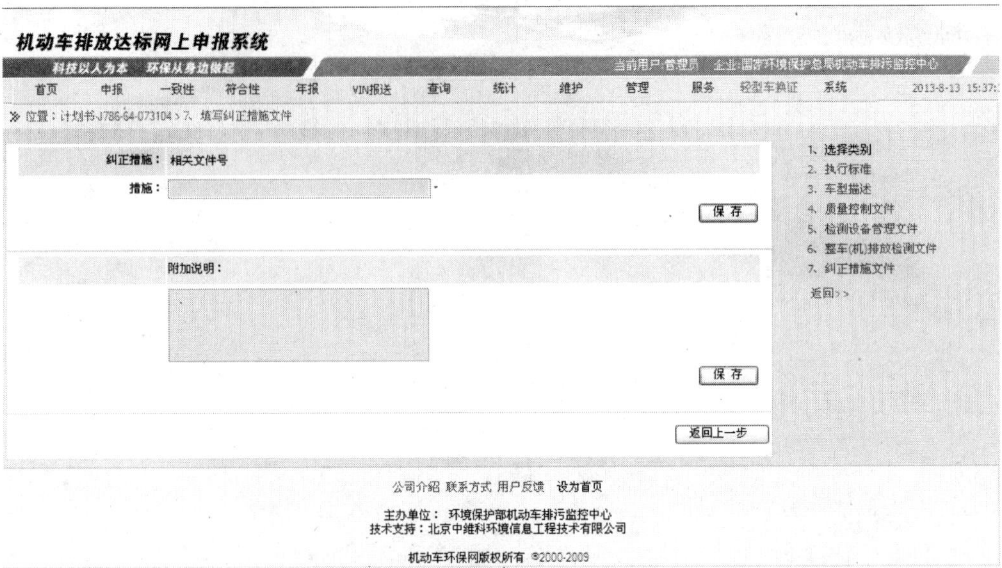

图 1-86

三、申请备案

点一致性下面的计划书管理菜单进入计划书管理页面，选择要备案的计划书点击申请备案。按提示选择相应的计划书和附录进行申请，点击确定（图 1-87）。

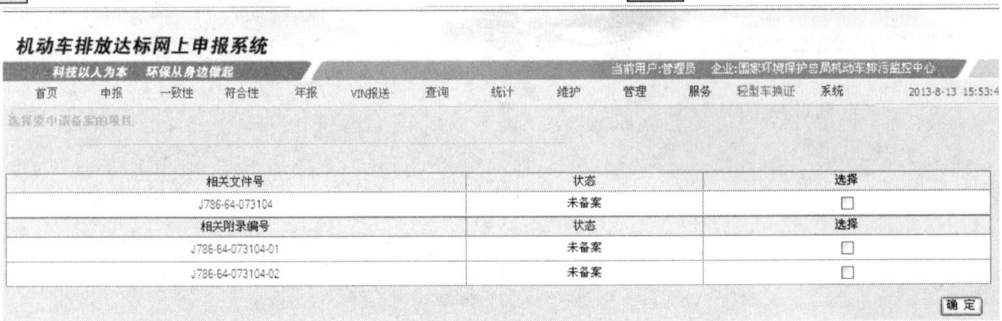

图 1-87

返回后可看到计划管理列表中计划书的状态变为申请中。

【注意事项】

（1）计划书和附录是可以单独申请备案。

（2）单独申请一个附录 A 备案也参考该操作流程。

四、修改和增补计划书附录 A

在计划书管理页面：

◇ 如果未备案，可选择相应的计划书，点击修改或增补直接进入详细页面修改。

◇ 如果申请中或已备案，则需选中相应的计划书，点击修改或增补（图 1-88）。

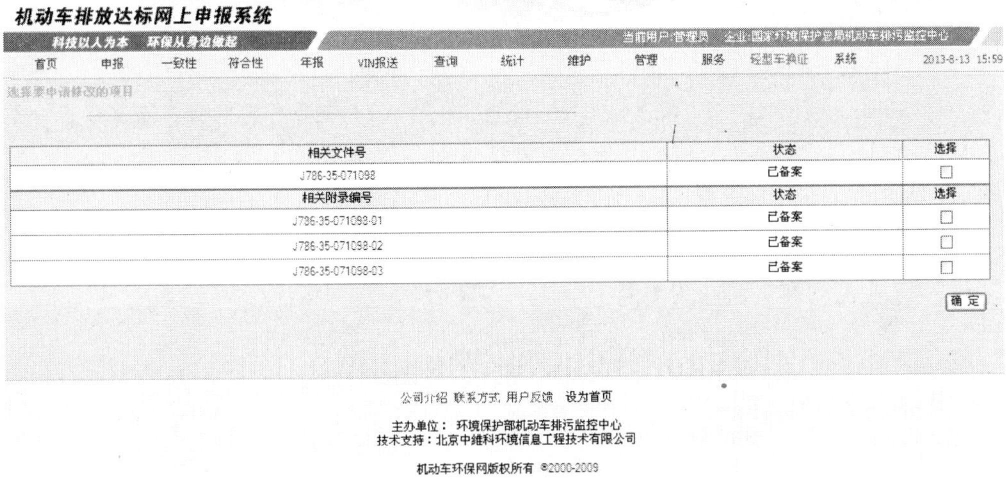

图 1-88

选择要修改的计划书或者附录，点击确定（图 1-89）。

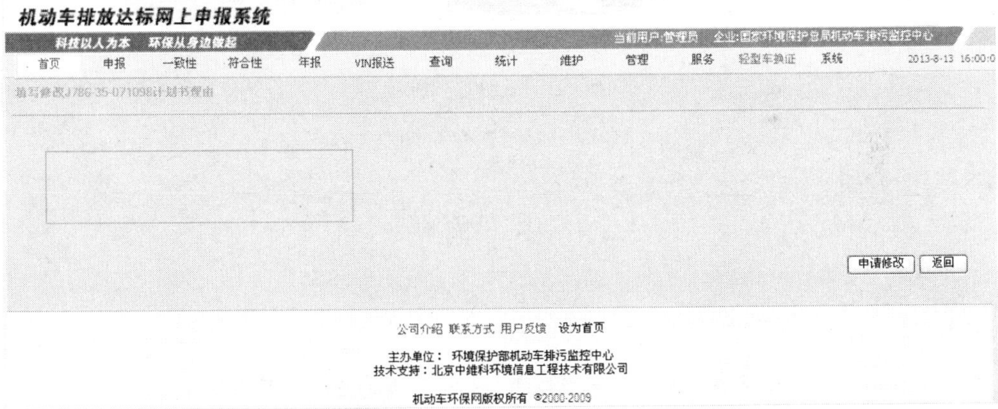

图 1-89

按提示输入理由后，点击申请修改。

五、相关说明

编号说明：

★ 计划书编号格式例子：J123-34-000027（厂家编号-车辆类别阶段-序号）。

★ 附录 A 编号格式例子：J123-34-000027-01（计划书号-序号）。

第三节 新车生产一致性保证体系（国 5 轻型车）申报操作

国 5 轻型车一致性申报包括：商标管理、创建计划书附录 A、计划书附录申请备案、修改或增补计划书附录 A。

商标管理、创建计划书、修改或增补计划书附录 A 请参看“第二节 新车生产一致性保证体系申报操作”介绍，本节主要介绍附录 A 的创建和申请备案。

一、创建附录 A

进入附录 A 列表页面（图 1-90）。

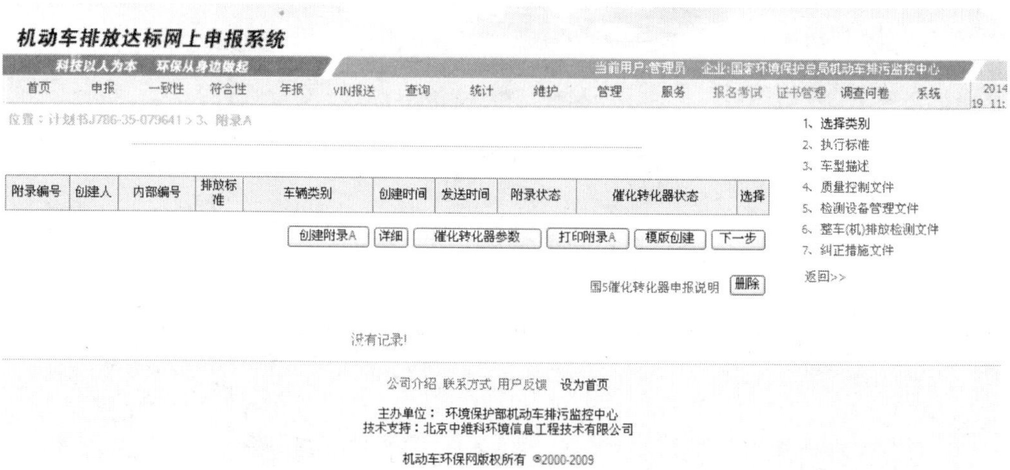

图 1-90

列表下方按钮说明：

创建附录 A 创建一个新的附录 A。

详细 进入附录 A 详细页面查看或修改附录 A 参数。

催化转化器参数 进入催化转化器参数页面，查看或修改催化转化器参数。

打印附录 A 打印选择的附录 A。

模版创建 用一个已经填写完整的附录 A 作为模版创建一份新的附录。

删除 删除选择的附录 A（已出检验报告的附录 A 不能被删除）。

国 5 催化转化器申报说明 催化转化器参数填写说明。

下面分别介绍轻型车自产整车附录 A 填写、轻型车二类底盘（整车）改装车附录 A 填写。

例一 轻型车自产整车附录 A

以轻型汽油车为例，点击 创建附录 A 按钮后，选择附录类型，国 5 轻型车自产整车附录 A 填写分为两部分：

（1）催化转化器参数填写。

（2）整车其他参数填写。

选择类型 自产整车（底盘）页面出现 2 个选项："只创建催化转化器"、"全部创建"（图 1-91）。

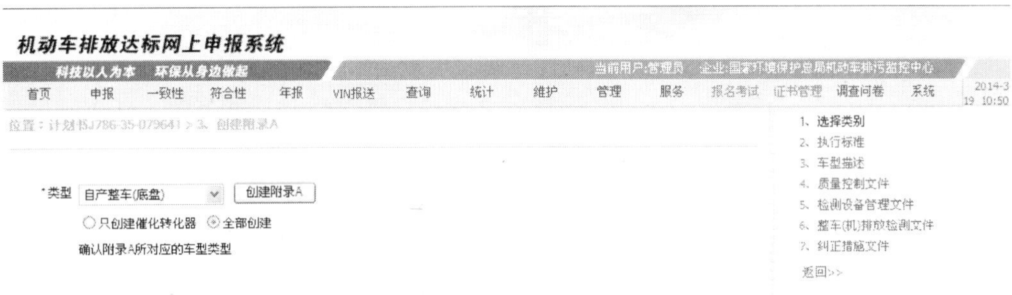

图 1-91

【注意事项】

（1）耐久性试验基准车型的附录 A，请先填写催化转化器参数，并提交备案，然后填写整车附录中的其他参数。

（2）不是耐久性试验的车型创建附录 A，可以先创建整车附录填写以后，再进入催化转化器参数页面填写催化器参数。

（一）创建催化转化器

选择类型 自产整车（底盘），选择"创建催化转化器"，点击创建附录 A 进入车型参数填写（图 1-92）。

图 1-92

1．填写车辆型号，名称，生产厂名称，选择是否耐久试验基准车型，点击保存按钮保存参数。如果不是耐久性试验基准车型，选择“否”。

2．选择“是”耐久性试验基准车型，需要填写耐久性试验参数（图 1-93）。

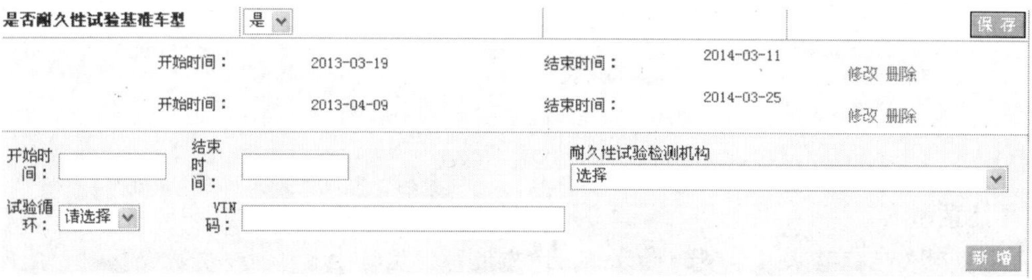

图 1-93

填写完后，点击新增按钮增加并保存。新增的参数会显示到上方，点击修改 删除可以查看修改试验参数或删除试验参数。

【注意事项】

- 多个 VIN 码，请分别填写试验时间、检测机构、试验循环后点击新增按钮增加保存。

3．增加动力系。点动力系的新增按钮进入发动机信息页面（图 1-94）。

图 1-94

4. 填写发动机型号、生产厂、打刻内容或打刻内容图片。点击保存按钮保存(图 1-95)。

图 1-95

*上传图片说明

点击 上传图片 按钮；

在新窗口中点击 浏览... 按钮，选择要上传的图片，点击 上传 按钮上传图片；

成功后自动返回上一页，并显示上传图片的缩略图。

【注意事项】

A. 图片上传成功后，会有缩略图显示到网页上。

B. 系统要求图片格式为 JPG 类型，大小限制：512 kB，图片尺寸建议分为：

尺寸	640×480	1024×768
类别名称	照片类	示意图纸类

5．填写污染控制装置。催化转化器参数填写分为：

- 催化转化器参数填写；
- 催化转化器安装位置选择。

（1）催化转化器参数填写（图 1-96）。

图 1-96

催化转化器参数填写分为：催化转化器基本信息和贵金属检测相关内容。

A. 催化转化器基本信息（图 1-97）。

图 1-97

B. 贵金属检测相关内容（图 1-98）。

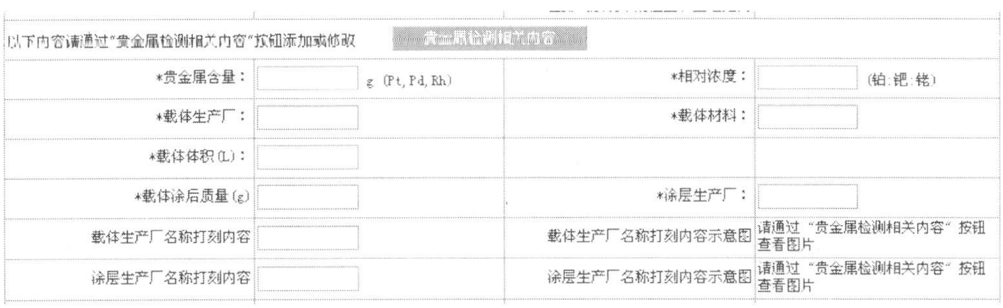

图 1-98

贵金属检测相关内容：此页面内容不能直接填写，请点击“贵金属检测相关内容”按钮进行填写。

点击“贵金属检测相关内容”进入填写页面（图 1-99）。

选择单元，填写贵金属检测参数，点击新增单元按钮，增加并保存单元信息（图 1-100）。

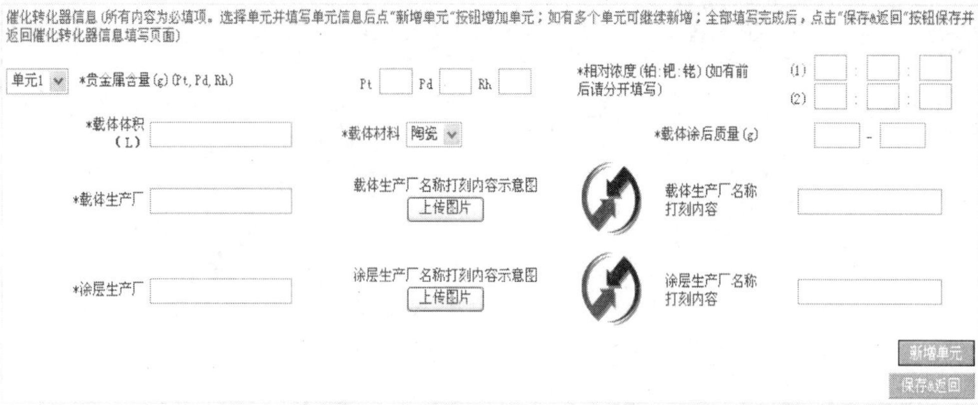

图 1-99

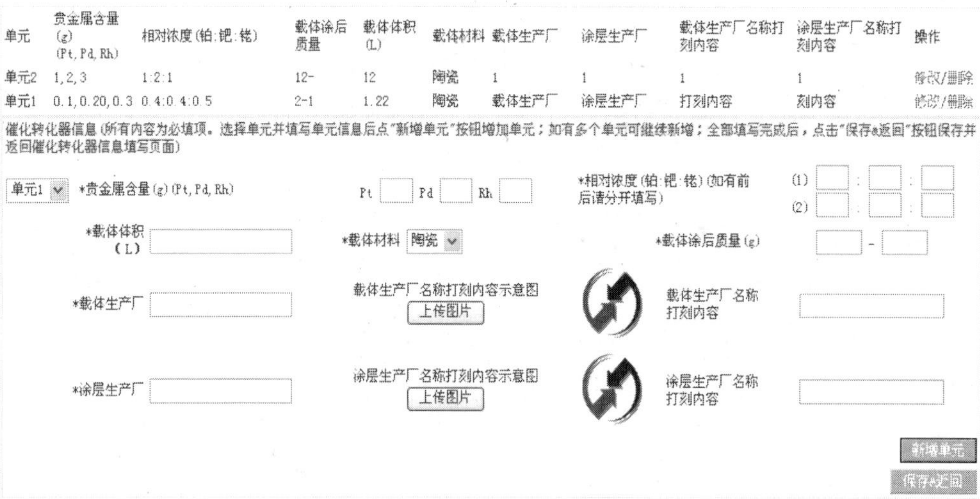

图 1-100

新增的单元信息会显示在上方，点击修改或删除可对所选信息进行修改或删除。

*注意：

a. “贵金属含量”，“相对浓度”，“载体体积”，“载体涂后质量”必须为数字。

b. 填写内容中不能包含特殊字符，如“分号”(；)。

c. 多个单元，分开填写。

全部单元信息填写完成后，点击 保存&返回 按钮保存“贵金属检测相关内容”信息，并返回催化转化器参数页面（图 1-101）。

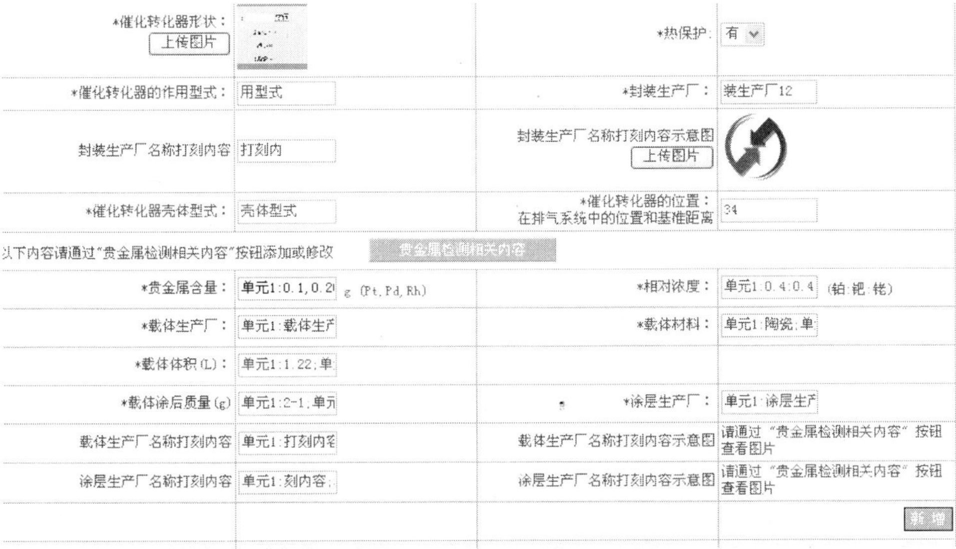

*催化转化器形状：
上传图片
*热保护：有
*催化转化器的作用型式：用型式
*封装生产厂：装生产厂12
封装生产厂名称打刻内容 打刻内
封装生产厂名称打刻内容示意图
上传图片
*催化转化器壳体型式：壳体型式
*催化转化器的位置：
在排气系统中的位置和基准距离 34
以下内容请通过"贵金属检测相关内容"按钮添加或修改
贵金属检测相关内容
*贵金属含量：单元1:0.1,0.2 g (Pt, Pd, Rh)
*相对浓度：单元1:0.4:0.4 (铂:钯:铑)
*载体生产厂：单元1:载体生产
*载体材料：单元1:陶瓷,单
*载体体积(L)：单元1:1.22;单
*载体涂后质量(g) 单元1:2-1,单元
*涂层生产厂：单元1:涂层生产
载体生产厂名称打刻内容 单元1:打刻内容
载体生产厂名称打刻内容示意图 请通过"贵金属检测相关内容"按钮查看图片
涂层生产厂名称打刻内容 单元1:刻内容;
涂层生产厂名称打刻内容示意图 请通过"贵金属检测相关内容"按钮查看图片
新增

图 1-101

催化转化器参数全部填写完成后，点击新增按钮保存填写参数，新增的催化转化器会显示到页面上（图 1-102）。

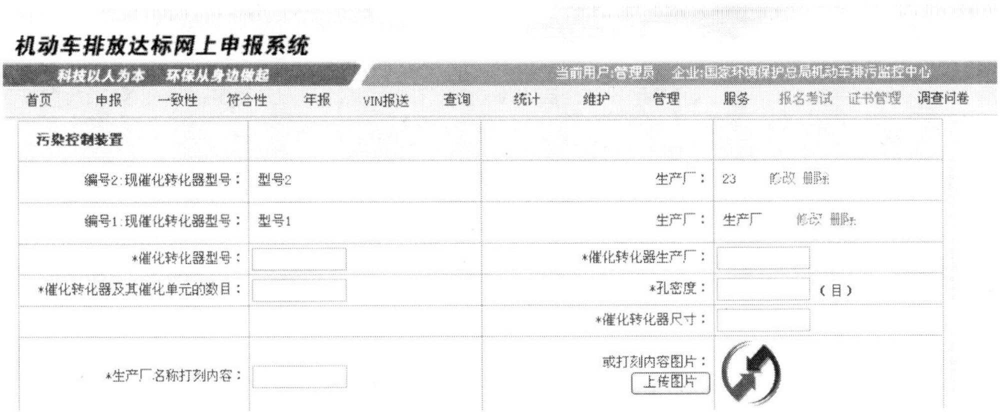

图 1-102

新增完后的催化转化器可通过"修改""删除"查看详细参数或删除催化转化器。

（2）催化转化器安装位置选择（图 1-103）。

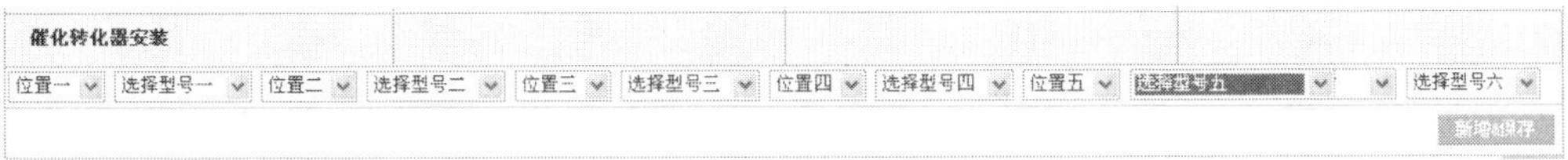

图 1-103

选择催化转化器的位置、型号生产厂（图 1-104）。

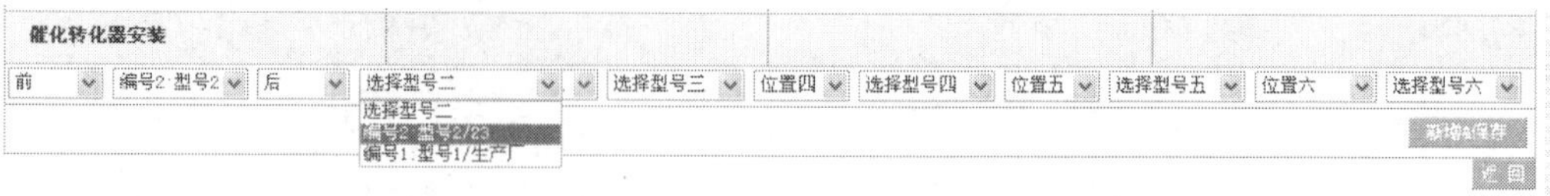

图 1-104

选择完成后，点击新增&保存按钮增加。

注意：

◇ 即使只有一个催化转化器，也必须选择安装位置。

◇ 安装位置只能删除以后再新增。

◇ 修改或删除催化转化器信息，需要重新选择催化转化器安装位置。

选择完催化转化器安装位置后，点击返回按钮返回。

（二）催化转化器申请备案

点一致性菜单的计划书管理菜单进入计划书管理页面，选择要备案的计划书，点击申请备案按钮进入附录 A 列表（图 1-105）。

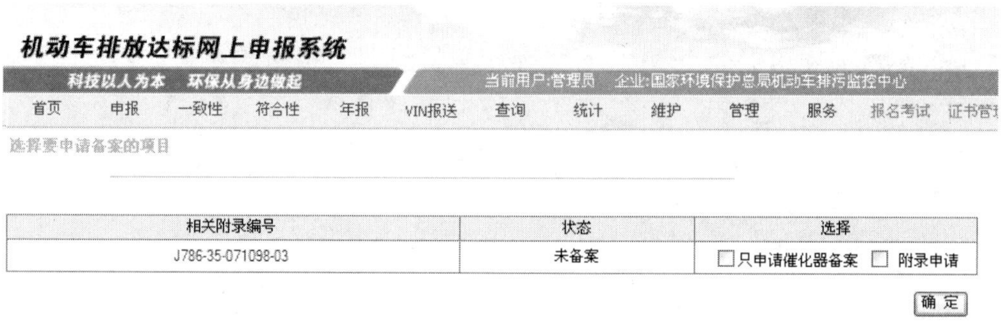

图 1-105

选择*只申请催化器备案*，点确定按钮，系统会校验选择申请备案的附录信息是否完整，如果缺少会提示，需补全内容才能再次申请备案（图 1-106）；

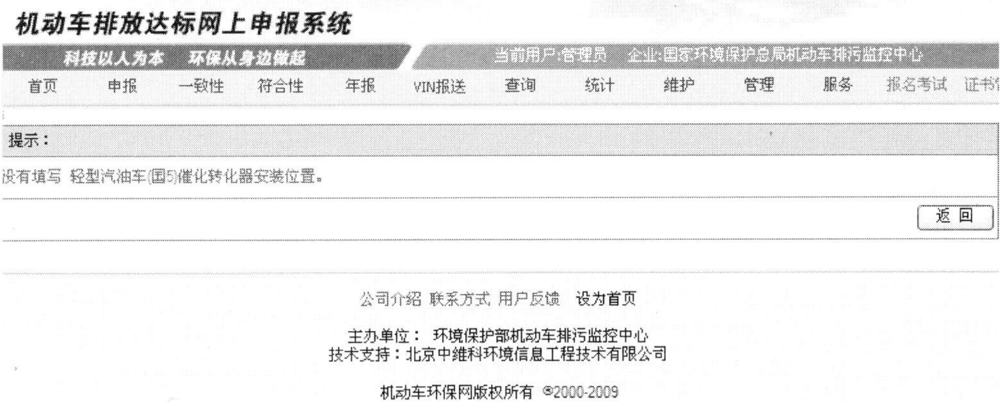

图 1-106

如果验证成功则进入到填写备注页面（图 1-107）。

图 1-107

点击确定按钮提交备案申请。

*注意：

◇ 提交催化转化器申请后，附录 A 状态和催化转化器状态会变为”催化转化器申请中”（图 1-108）。

◇ 申请中或已备案的催化转化器部分不能被删除或修改；如需修改，请联系审核办公室打回。

◇ 催化转化器状态分为：催化转化器申请中、已封样、贵金属通过、已解封、催化器已备案。

◇ 选择“是耐久性试验基准车型”的附录 A，催化转化器必须先申请备案，附录 A 才可以申请备案；只有催化转化器是已备案状态，附录 A 才可以被审核。

图 1-108

（三）整车附录 A 信息填写

进入附录 A 列表，选择要填写的附录，点击详细按钮，进入附录 A 页面（图 1-109）。

图 1-109

附录 A 填写分为概述、总体特征、动力系、传动系、悬挂系和车体。

1．填写概述。

◇ 按提示填写车型型号、商标等信息，然后点击右下角保存。

◇ 没有可选的商标，请到 商标管理 添加，再进入附录选择。

◇ 如修改“是否耐久性试验基准车型”相关参数，请返回附录 A 列表，点“催化转化器”按钮进入页面修改。

◇ 如果有多个扩展车型，填写扩展车型型号、名称后点击增加按钮填写扩展车型参数（图 1-110）。

图 1-110

2. 填写总体特征（图 1-111）。

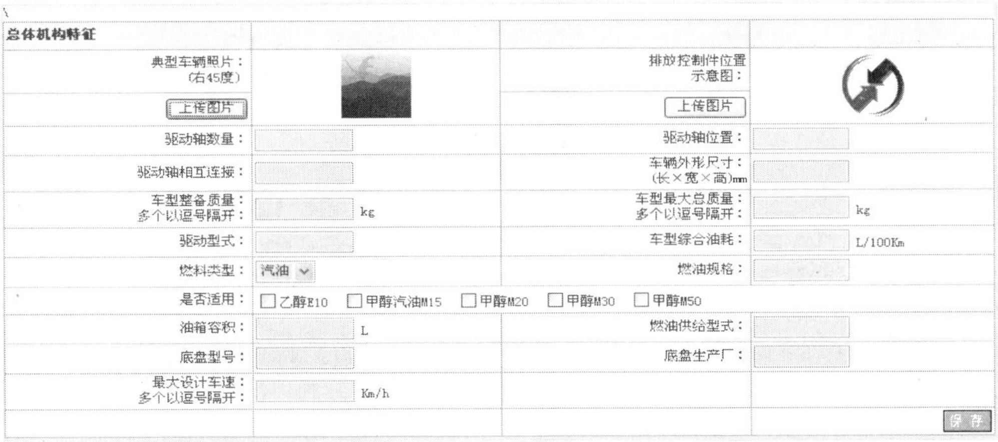

图 1-111

◇ 上传照片和示意图，上传成功后会有缩略图显示。

◇ 填写完后点击保存。

*上传图片说明

◇ 点击 上传图片 按钮。

◇ 在新窗口中点击 浏览... 按钮，选择要上传的图片，点击 上传 按钮上传图片。

◇成功后自动返回上一页。

【注意事项】

A. 图片上传成功后，会有缩略图显示到网页上。

B. 系统要求图片格式为 JPG 类型，大小限制：512 kB，图片尺寸建议分为：

尺寸	640×480	1024×768
类别名称	照片类	示意图纸类

3. 填写发动机的信息（图 1-112）。

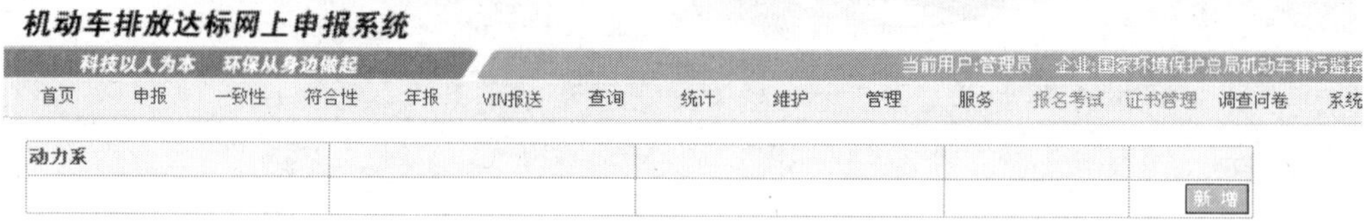

图 1-112

点击新增按钮，进入发动机参数页面。

（1）填写发动机 概述（图 1-113）。

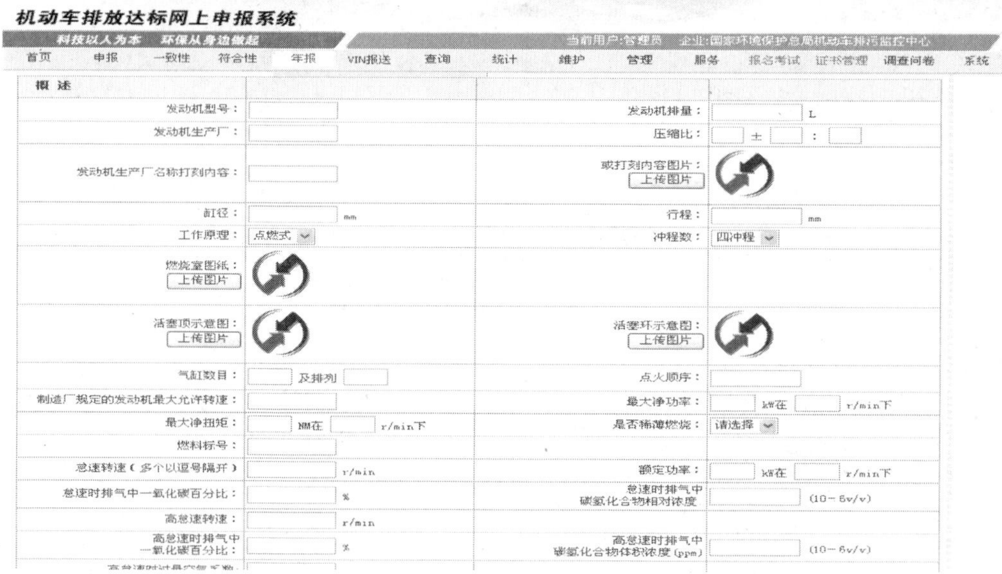

图 1-113

（2）填写发动机 燃料喷射，上传 ECU 文件包（图 1-114）。

图 1-114

（3）填写发动机 供油泵（图 1-115）。

图 1-115

（4）填写发动机 点火装置（图 1-116）。

（5）填写发动机 冷却系统，填写液冷或风冷参数（图 1-117）。

（6）填写发动机 进气系统（图 1-118）。

图 1-116

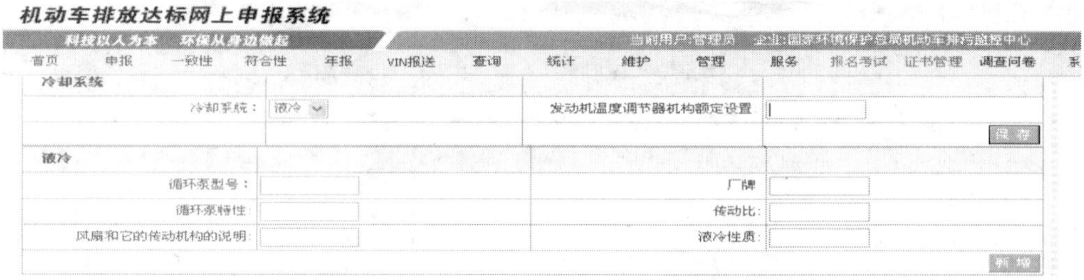

图 1-117

图 1-118

（7）填写发动机 排气系统（图 1-119）。

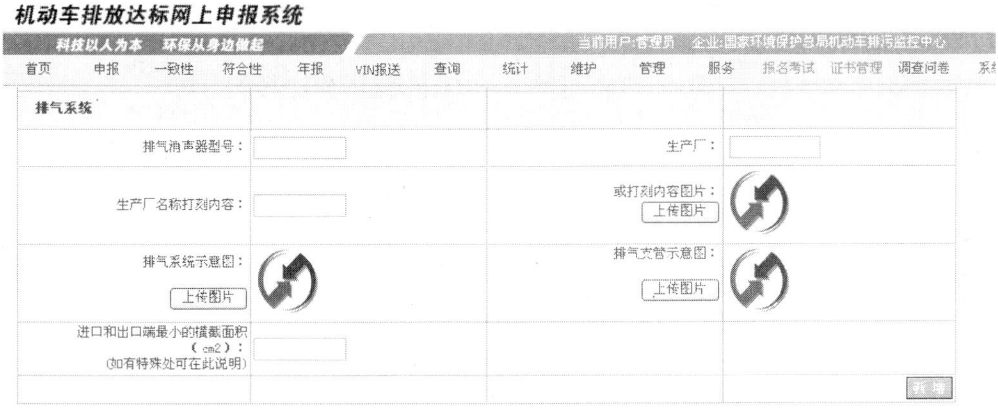

图 1-119

（8）填写发动机 气阀正时或等效数据（图 1-120）。

图 1-120

（9）填写发动机 污染控制装置（图 1-121）。

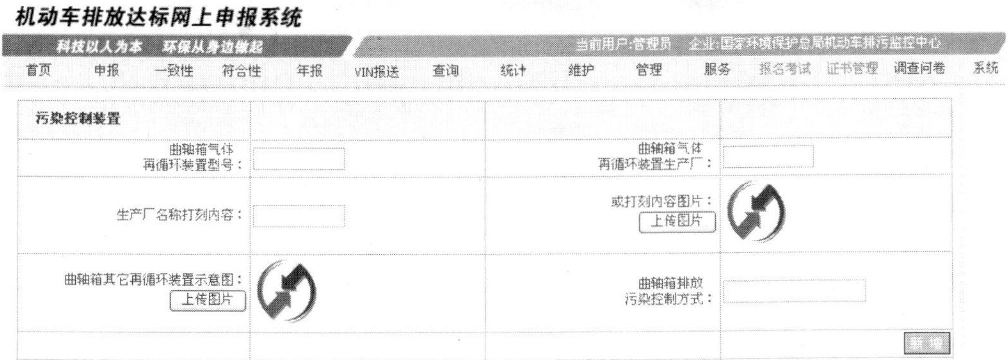

图 1-121

（10）催化转化器安装位置（图 1-122）。

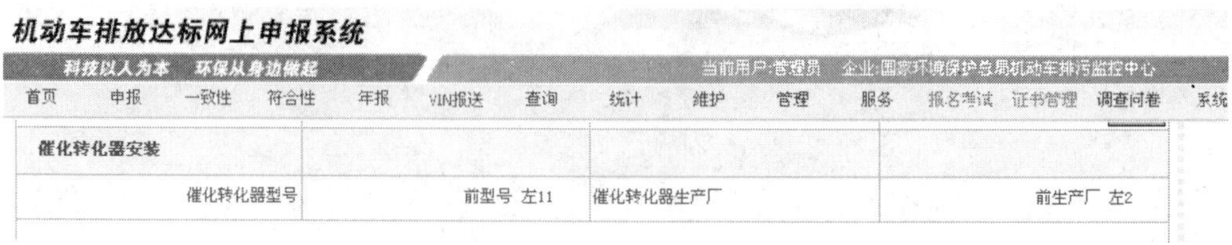

图 1-122

注意：催化转化器安装位置修改，请返回附录 A 列表，进入“催化转化器”参数页面进行修改。

（11）填写发动机 蒸发排放控制系统（图 1-123）。

图 1-123

（12）上传“全面详细说明装置和他们的调整状态”文件包（图 1-124）。

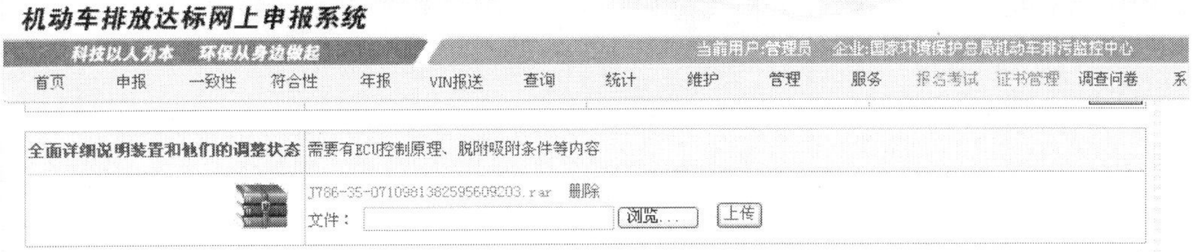

图 1-124

（13）填写发动机 排气再循环（图 1-125）。

图 1-125

（14）填写发动机 OBD 型号生产厂，上传 OBD 文件包，填写 IUOR 声明及计划书（图 1-126）。

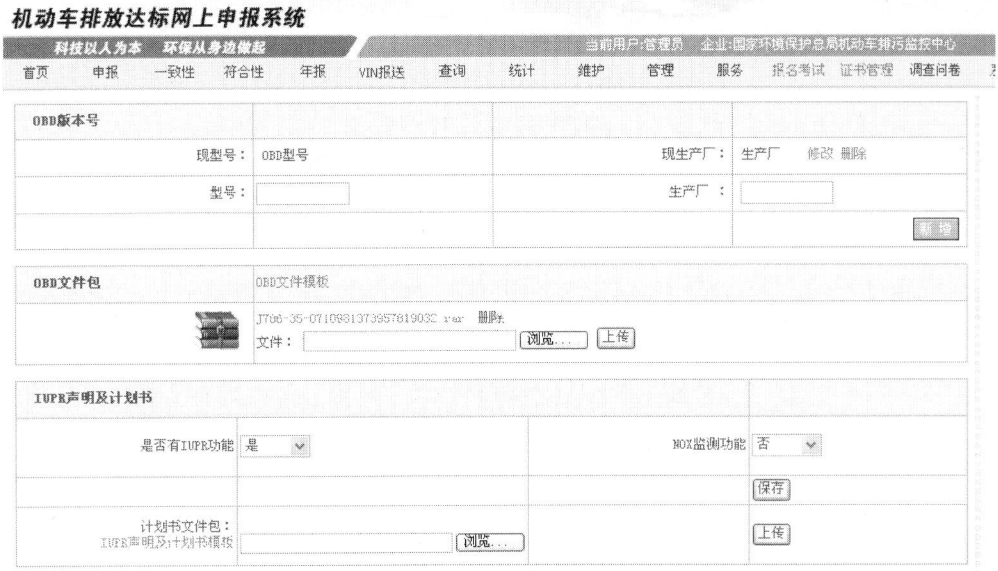

图 1-126

（15）填写发动机 制造厂允许的温度、其他排放控制系统（图 1-127）。

机动车排放达标网上申报系统

科技以人为本 环保从身边做起 当前用户:管理员 企业:国家环境保护总局机动车排污监控中心

首页 申报 一致性 符合性 年报 VIN报送 查询 统计 维护 管理 服务 报名考试 证书管理 调查问卷 系

制造厂允许的温度			
液体冷却系出口处的最高温度(℃)：	1	空气冷却系参考点：	2
空气冷却系参考点处的最高温度(℃)：	3	中冷器进口处的最高排气温度(℃)：	4
靠近排气支管外边界的排气管内参考点的最高排气温度(℃)：	5	燃料最低温度(℃)：	6
燃料最高温度(℃)：	7	润滑油最低温度(℃)：	8
润滑油最高温度(℃)：	9		保存

其它排放控制系统			
其它系统型号：	1	其它系统生产厂：	2 修改 删除
其它系统型号：	其它系统型号	其它系统生产厂：	其它系统生产厂 修改 删除
其它系统型号：		其它系统生产厂：	新增

图 1-127

（16）填写发动机 润滑系、隔音材料等（图 1-128）。

机动车排放达标网上申报系统

科技以人为本 环保从身边做起 当前用户:管理员 企业:国家环境保护总局机动车排污监控中心

首页 申报 一致性 符合性 年报 VIN报送 查询 统计 维护 管理 服务 报名考试 证书管理 调查问卷

润滑系			
现型号：	1	现厂牌：	2 修改 删除
现型号：	润滑剂型号	现厂牌：	生产厂 修改 删除
润滑剂型号：		生产厂：	
			新增
润滑油储油箱位置：	123	供油系统：	向进口注射
与燃料混合百分比：	456		保存
润滑油泵型号：	润滑油泵型号	润滑油泵生产厂：	润滑油泵生产 修改 删除
润滑油泵型号：		润滑油泵生产厂：	新增
机油冷却器型号：	1	机油冷却器生产厂：	2 修改 删除
机油冷却器型号：	机油冷却器型号	机油冷却器生产厂：	机油冷却器型号 修改 删除
机油冷却器型号：		机油冷却器生产厂：	
机油冷却器示意图：上传图片			新增

隔音材料：	1	其它降噪系统：	2 修改 删除
隔音材料：	隔音材料	其它降噪系统：	降噪系统 修改 删除
隔音材料：		其它降噪系统：	新增

返回

图 1-128

填写完成后点击返回，回到上一级页面，可以看到所增加的发动机（图 1-129）。如果有多个发动机，继续点击新增填写。

机动车排放达标网上申报系统

科技以人为本　环保从身边做起　当前用户:管理员　企业:国家环境保护总局机动车排污监控中心

首页　申报　一致性　符合性　年报　VIN报送　查询　统计　维护　管理　服务　报名考试　证书管理　调查问卷

动力系				
发动机型号：	1	生产厂：	2	查看 删除
发动机型号：	发动机型号	生产厂：	发动机生产厂	查看 删除
				新增

图 1-129

4．填写传动系信息，填写各项后点击新增（图 1-130）。

机动车排放达标网上申报系统

科技以人为本　环保从身边做起　当前用户:管理员　企业:国家环境保护总局机动车排污监控中心

首页　申报　一致性　符合性　年报　VIN报送　查询　统计　维护　管理　服务　报名考试　证书管理　调查问卷

传动系				
现有离合器型式：	1	现变速箱型号：	2	修改 删除
现有离合器型式：	离合器型式	现变速箱型号：	变速箱型号	修改 删除
离合器型式：		变速箱型式：	手动	
变速箱型号：		变速箱厂家		
发动机飞轮的转动惯量kg*m²：		不带啮合齿轮的附加转动惯量kg*m²：		
传递的最大扭矩（Nm）：		相对于发动机的位置：		
档位数：				

档位	变速箱内部速比	主传动比	总速比
CVT时最大值：(仅对无极变速)			
1档：			
2档：			
3档：			
4档：			
5档：			
6档：			
7档：			
8档：			
9档：			
10档：			
超速档：			
CVT时最小值：(仅对无极变速)			

图 1-130

5．填写悬挂系、车体、轮胎信息，填写完后点击新增（图 1-131）。

图 1-131

全部填写完毕后，点击返回。可以看到所创建的附录列表。

例二　轻型车二类底盘（整车）改装车附录 A

选择类型 二类底盘（整车）改装车，点“创建附录 A”按钮。

进入附录 A 界面，二类底盘（整车）改装车附录 A 分为概述、总体特征、动力系、悬挂系、车体。

1．填写概述。

◇ 按提示填写车型型号、商标等信息，然后点击右下角保存。

◇ 如无商标选择，请进入“商标管理”添加。

◇ 如果有多个扩展车型，填写扩展车型型号，名称后点击增加按钮填写扩展车型参数（图 1-132）。

改装车附录 A 需要找原车信息，点概述中的 找原车型 按钮，进入到找原车型页面，（图 1-133）。

图 1-132

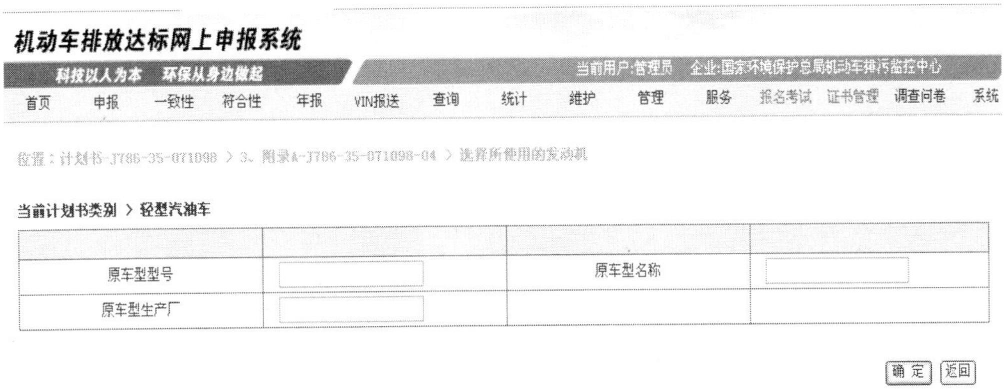

图 1-133

输入要查找的原车信息，点 确定 按钮搜索原车型（如图 1-134）。

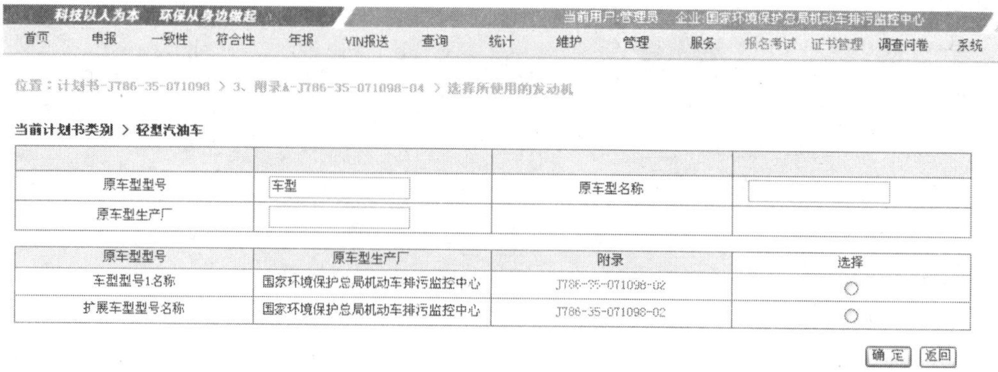

图 1-134

【注意事项】

（1）可以模糊查询，如找不到，可尝试输入较少关键字进行查找。

（2）如果仍未找到所使用的原车，请和原车厂家联系，确定原车附录是否已进行备案。

选择原车，点 确定 按钮返回。原车的信息会显示到概述里面，如图 1-135。

图 1-135

【注意事项】

选择完原车型后，请点 保存 按钮保存。

2. 填写总体特征（图 1-136）。

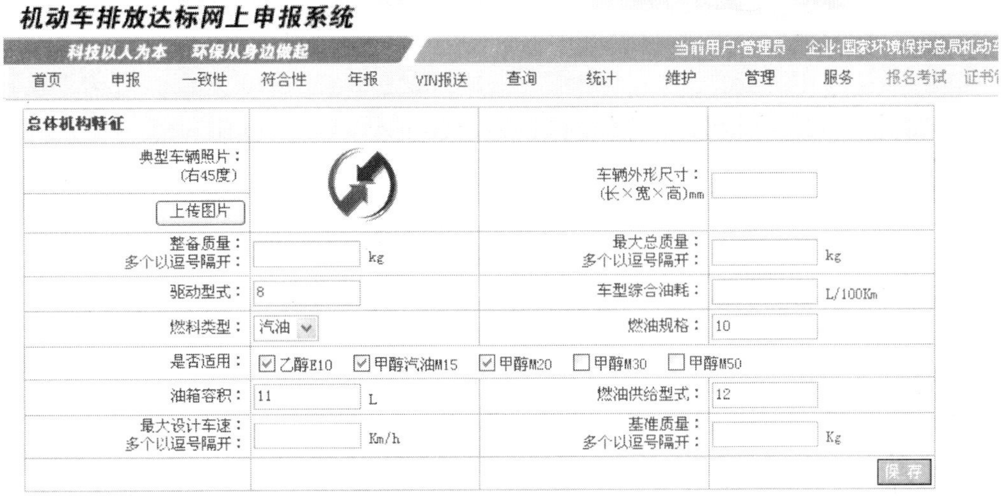

图 1-136

◇ 找了原车型后，会有部分原车参数显示到总体机构特征中。

◇ 上传照片和示意图，上传成功后会有缩略图显示。

◇ 填写完后点击保存。

*上传图片说明

（1）点击 上传图片 按钮。

（2）在新窗口中点击 浏览... 按钮，选择要上传的图片，点击 上传 按钮上传图片。

（3）成功后自动返回上一页。

【注意事项】

A. 图片上传成功后，会有缩略图显示到网页上。

B. 系统要求图片格式为 JPG 类型，大小限制：512 kB，图片尺寸建议分为：

尺寸	640×480	1024×768
类别名称	照片类	示意图纸类

3. 填写发动机的信息（图 1-137）。

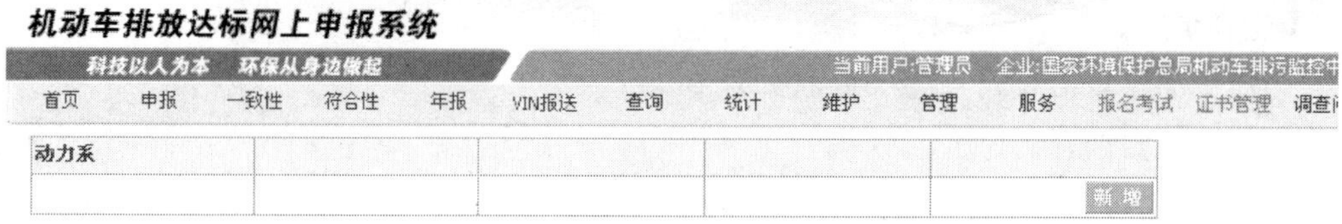

图 1-137

点击新增，系统显示原车型所使用的所有发动机，选择车型所采用的发动机（图 1-138）。

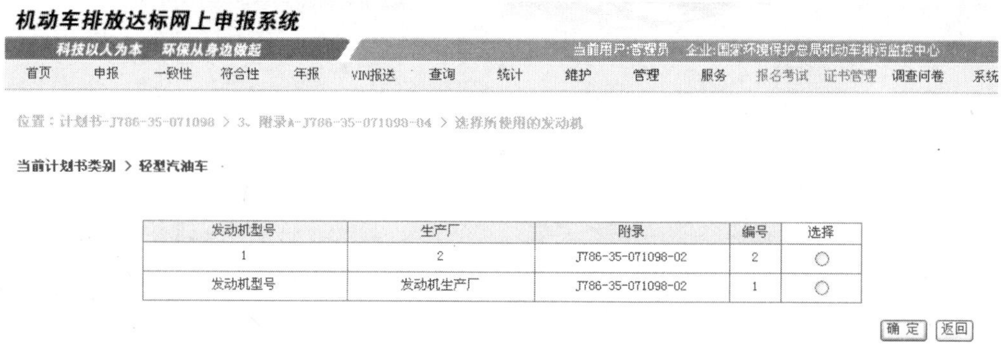

图 1-138

选择后，点击确定返回（图 1-139）。

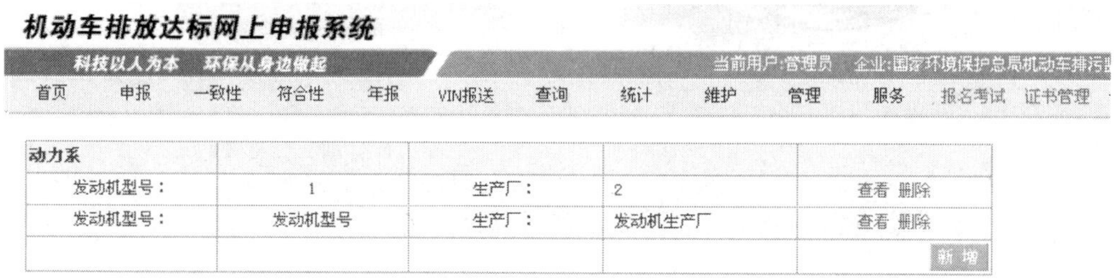

图 1-139

可以看到所增加的发动机列表。改装车的发动机新增后可以点列表中的查看查看发动机详细信息，但是不能修改里面的信息。

4．悬挂系、车体信息（图 1-140）。

图 1-140

填写完毕后点击 返回 附录列表。

二、申请备案

点一致性菜单的计划书管理菜单进入计划书管理页面，选择要备案的计划书，点击申请备案按钮进入附录 A 列表（图 1-141）。

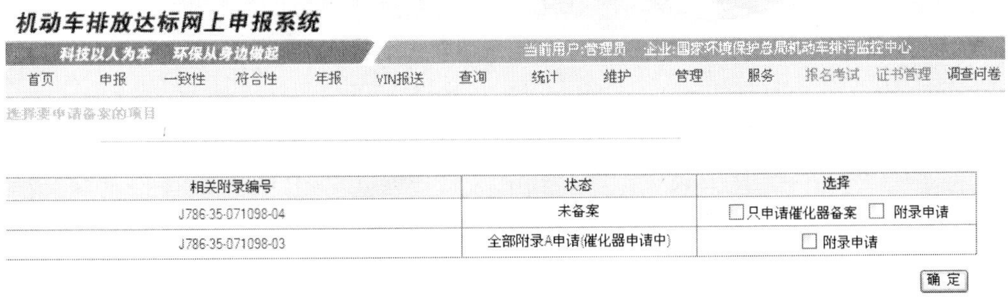

图 1-141

如果是耐久性试验基准车型的附录，请先进行催化转化器备案操作（详细流程见“催化转化器申请备案”）。

整车申请备案，选择附录 A 列表中的 *附录申请*，点确定按钮，系统会校验选择申请备案的附录信息是否完整，如果缺少必要参数，系统会提示，需补全内容才能再次申请备案（图 1-142）。

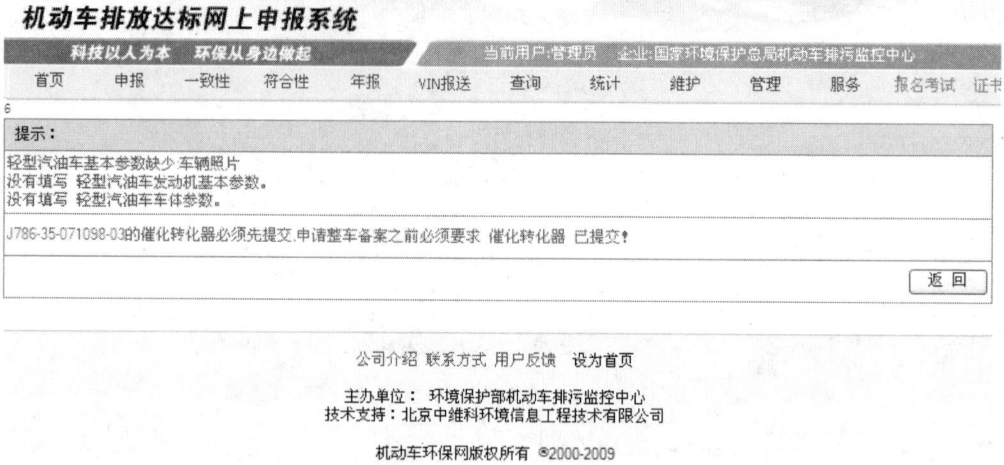

图 1-142

验证成功，进入填写备注页面（图 1-143）。

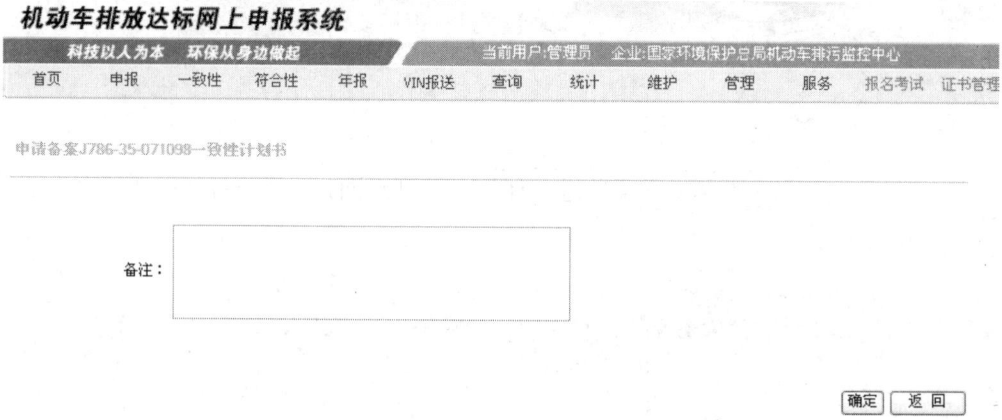

图 1-143

点击确定按钮提交备案申请。

【注意事项】

（1）计划书和附录是可以单独申请备案。

（2）单独申请一个附录 A 备案也参考该操作流程。

第四节　新车型式核准申报操作

新车型式核准申报操作包括：创建申报表、创建申报函、发送申报函。

一、创建申报表

点击申报中的创建申报表 菜单开始创建申报表。自产整车和改装车创建申报表的流程一样。下面分别介绍轻型车、重型车创建申报表流程。

例一 轻型车创建申报表

以轻型汽油车为例

1. 点创建申报表菜单找到所要申请的车型（图 1-144）。

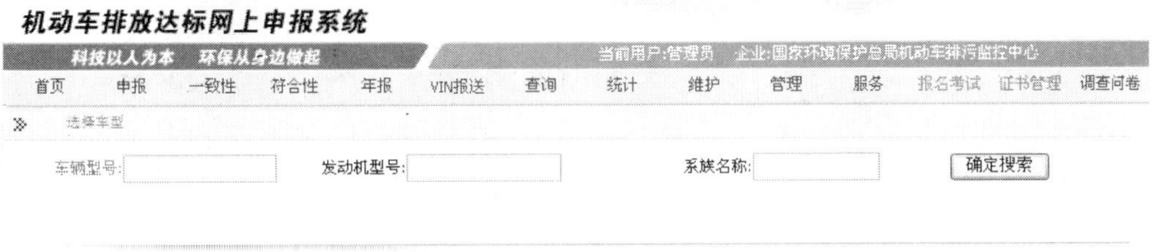

图 1-144

2. 选择相应车型，点击创建申报表（图 1-145）。

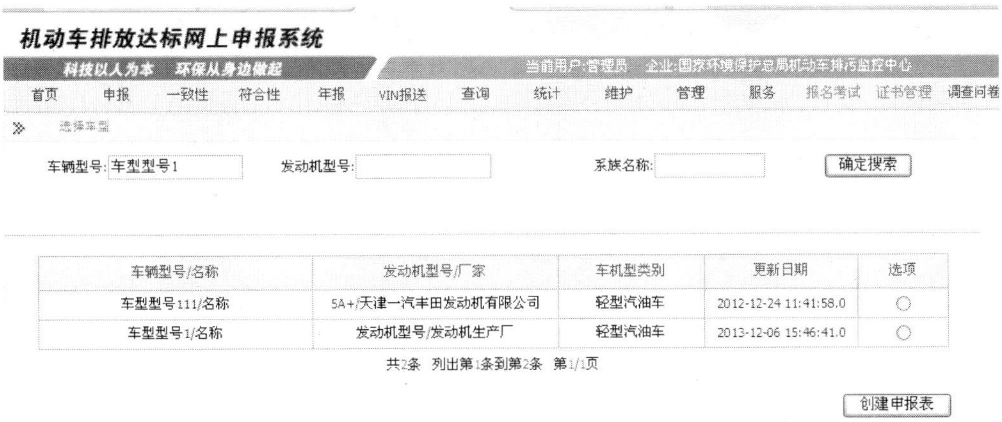

图 1-145

【注意事项】

（1）车型列表是根据检测机构上传的检验报告显示。如果未搜索到，请向检测机构确认是否已上传检验报告。

（2）确认该车型的计划书和附录A全部备案。

3．进入申请描述。

确定申请类型、达到的排放阶段、噪声阶段以及是否进口车，点击保存下一步（图1-146）。

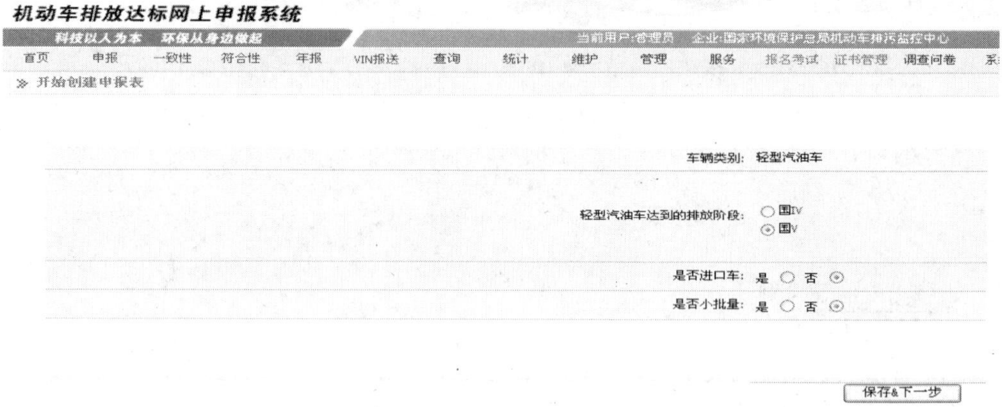

图1-146

4．确定该车型所使用的检验报告，点击保存下一步（图1-147）。

机动车排放达标网上申报系统
科技以人为本 环保从身边做起
当前用户:管理员 企业:国家环境保护总局机动车排污监控中心
首页 申报 一致性 符合性 年报 VIN报送 查询 统计 维护 管理 服务 报名考试 证书管理 调查问卷 系统
耐久性
报告编号 配置编号 选择
G508-TA_NJ3-071221 1
G508-TA_NJ3-071221 2
常温
报告编号 配置编号 选择
G508-TA_CW3-071217 1
G508-TA_CW3-071217 2
低温
报告编号 配置编号 选择
G508-TA_DW3-071219 1
G508-TA_DW3-071219 2
SBC
报告编号 配置编号 选择
G508-TA_BC3-071216 1
G508-TA_BC3-071216 2
贵金属
报告编号 配置编号 选择
G508-TA_JS3-071215 1
G508-TA_JS3-071215 2
蒸发
报告编号 配置编号 选择
G508-TA_RY3-071227 1

图1-147

【注意事项】

国 4 车型要生成申报表，车型的配置必须满足下列条件：

<table>
<tr><th>国 4</th><th>需要的检验报告</th><th>参数要求</th><th>配置要求</th></tr>
<tr><td>轻型汽油车</td><td>排气污染，双怠速，OBD，耐久性，油耗，曲轴箱，燃油蒸发，噪声</td><td rowspan="4">要求报告中的车辆生产厂，车辆型号，名称，发动机型号生产厂，变速器型式，挡位数必须一致</td><td>要求排气污染、双怠速、OBD、耐久性、油耗 5 份报告中的：催化转化器、氧传感器、EGR、ECU、增压器的型号生产厂，中冷器型式必须一致</td></tr>
<tr><td>轻型柴油车</td><td>排气污染，自由加速排气烟度，OBD，耐久性，油耗，噪声</td><td>要求排气污染、自由加速排气烟度、OBD、耐久性、油耗 5 份报告中的：喷油泵、喷油器、增压器、EGR、ECU、颗粒捕集器的型号生产厂必须一致，中冷器型式必须一致</td></tr>
<tr><td>轻型单燃料车</td><td>排气污染，双怠速，OBD，耐久性，油耗，曲轴箱，噪声</td><td rowspan="2">要求排气污染、双怠速、OBD、耐久性、油耗 5 份报告中的：催化转化器、氧传感器、EGR、ECU、燃气混合器、燃气喷射单元的型号生产厂必须一致</td></tr>
<tr><td>轻型两用燃料车</td><td>排气污染，双怠速，OBD，耐久性，油耗，曲轴箱，燃油蒸发，噪声</td></tr>
</table>

国 5 车型要生成申报表，车型的配置必须满足下列条件：

<table>
<tr><th>国 5</th><th>需要的检验报告</th><th>参数要求</th><th>配置要求</th></tr>
<tr><td>轻型汽油车</td><td>排气污染常温，排气污染低温，双怠速，OBD，耐久性或 SBC，油耗，曲轴箱，燃油蒸发，噪声，贵金属检测报告</td><td rowspan="3">要求报告中的车辆生产厂，车辆型号，名称，发动机型号生产厂，变速器型式，挡位数必须一致</td><td>要求低温排气污染、常温排气污染、双怠速、OBD、耐久性或 SBC、油耗 5 份报告中的：催化转化器、氧传感器、EGR、ECU、增压器的型号生产厂，中冷器型式必须一致、载体生产厂、涂层生产厂、封装生产厂必须一致</td></tr>
<tr><td>轻型柴油车</td><td>待定</td><td>待定</td></tr>
<tr><td>轻型两用燃料车</td><td>待定</td><td>待定</td></tr>
</table>

● 国 5 轻型汽油车贵金属检测报告需求说明：有耐久基准报告或 SBC 报告的车型要多一份贵金属检测报告，若载体材料为金属载体则不需要提交报告。

如果不能满足上面的条件，那么将无法选择；配置不能满足系统会用亮黄色显示。

5．确定车型配置。

根据所选择的报告，系统会自动组合配置，选择要申报的配置，点击保存下一步（图 1-148）。

选项	催化转化器	燃油蒸发控制装置	氧传感器	曲轴箱排放控制装置	EGR	OBD	ECU	变速器型式/档位数	消声器	增压器	中冷器	IUPR功能/NOX监测	
□	1/2 载体:3 涂层:4 封装:5	炭罐型号/炭罐生产厂	6/7	曲轴箱型号/曲轴箱生产厂	8/9	01/012	10/11	无级变速(CVT)/7	排气消声器型号/生产厂	12/13	14	/	3
□	前:型号:左:11/前:生产厂:左:2 载体:前:单元1:11;单元2:10.10;左:单元1:10 涂层:前:单元1:13;单元2:11.11;左:单元1:11 封装:前:封装生产厂:左:9	炭罐型号/炭罐生产厂	氧传感器型号/氧传感器生产厂	曲轴箱型号/曲轴箱生产厂	型号/生产厂	OBD型号/生产厂	电控单元型号/生产厂	无级变速(CVT)/7	1/2	增压器型号/生产厂	空水	否/否	2
□	1/2 载体:3 涂层:4 封装:5	炭罐型号/炭罐生产厂	6/7	曲轴箱型号/曲轴箱生产厂	8/9	01/012	10/11	无级变速(CVT)/7	1/2	12/13	14	/	4
□	前:型号:左:11/前:生产厂:左:2 载体:前:单元1:11;单元2:10.10;左:单元1:10 涂层:前:单元1:13;单元2:11.11;左:单元1:11 封装:前:封装生产厂:左:9	炭罐型号/炭罐生产厂	氧传感器型号/氧传感器生产厂	曲轴箱型号/曲轴箱生产厂	型号/生产厂	OBD型号/生产厂	电控单元型号/生产厂	无级变速(CVT)/7	排气消声器型号/生产厂	增压器型号/生产厂	空水	否/否	1

图 1-148

6．确定申请（图 1-149）。

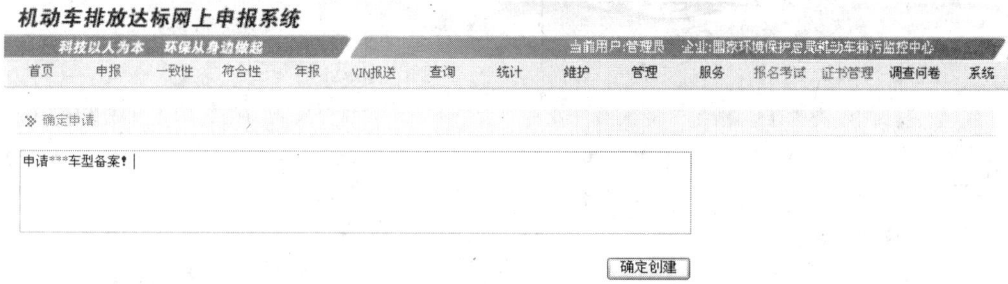

图 1-149

确认无误后，点击确定创建。系统提示成功创建申报表（图 1-150）。

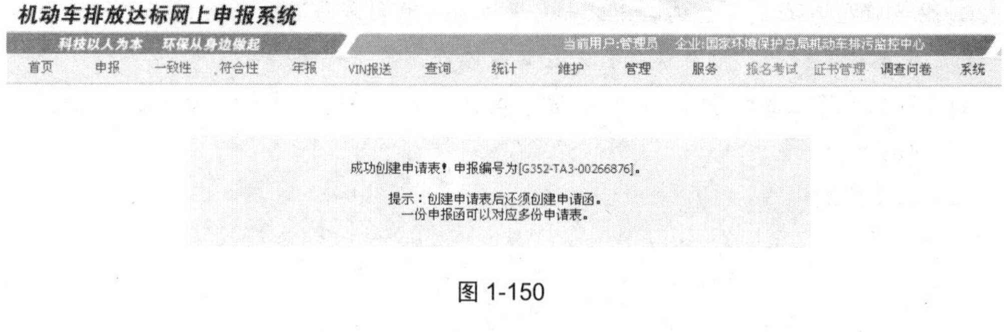

图 1-150

【注意事项】

创建申报表成功后，需要创建和发送申报函才算完成申报工作。

例二 重型车创建申报表

以 重型柴油车 为例

1. 点创建申报表菜单找到所要申请的车型（图 1-151）。

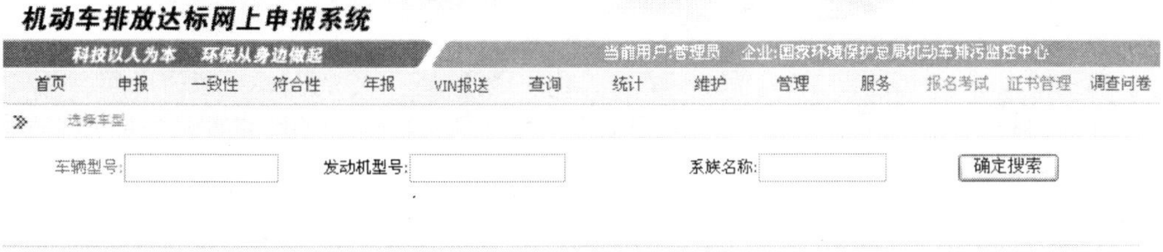

图 1-151

2. 选择相应车型，点击创建申报表（图 1-152）。

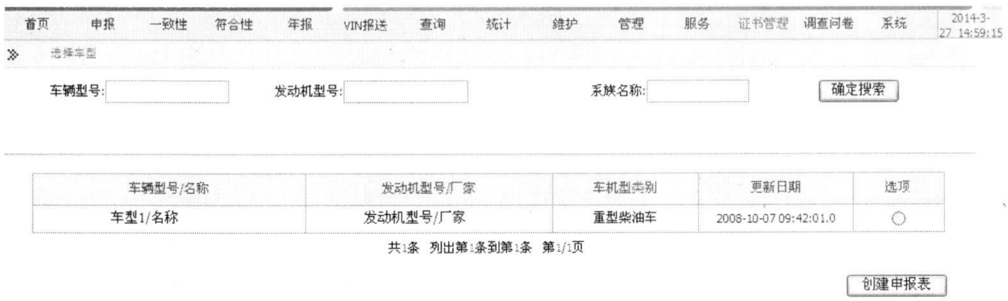

图 1-152

【注意事项】

（1）车型列表是根据检测机构上传的检验报告显示。如果未搜索到，请向检测机构确认是否已上传检验报告。

（2）确认该车型的计划书和附录 A 全部备案。

3. 进入申请描述。

确定申请类型、达到的排放阶段、是否进口车以及 WHTC 工况，点击保存下一步（图 1-153）。

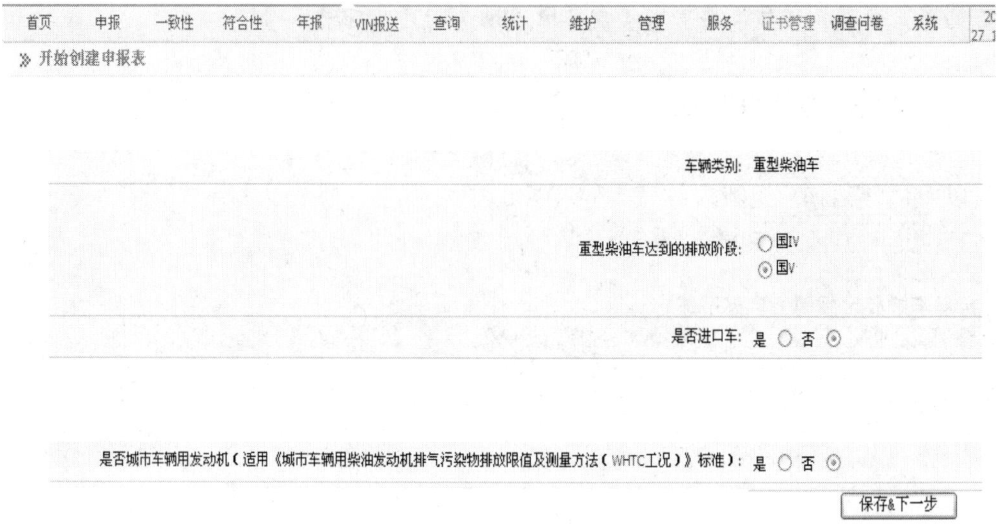

图 1-153

4．确定该车型所使用的发动机，点击保存下一步（图 1-154）。

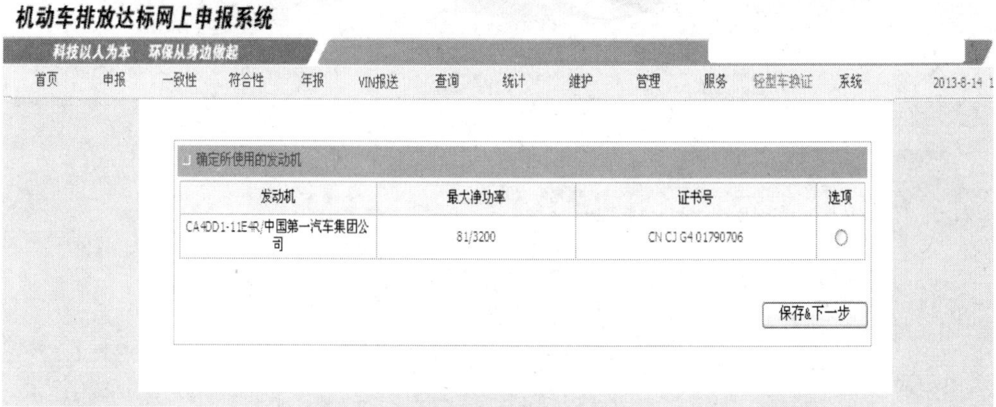

图 1-154

【注意事项】

（1）申报车型为重型车时，所使用的发动机必须已进行型式核准申请且通过审核，否则无法继续创建。

（2）如果显示有多个型式核准号，请确认车型使用的发动机对应的功率。

5．确定该车型所使用的报告，点击保存下一步（图 1-155）。

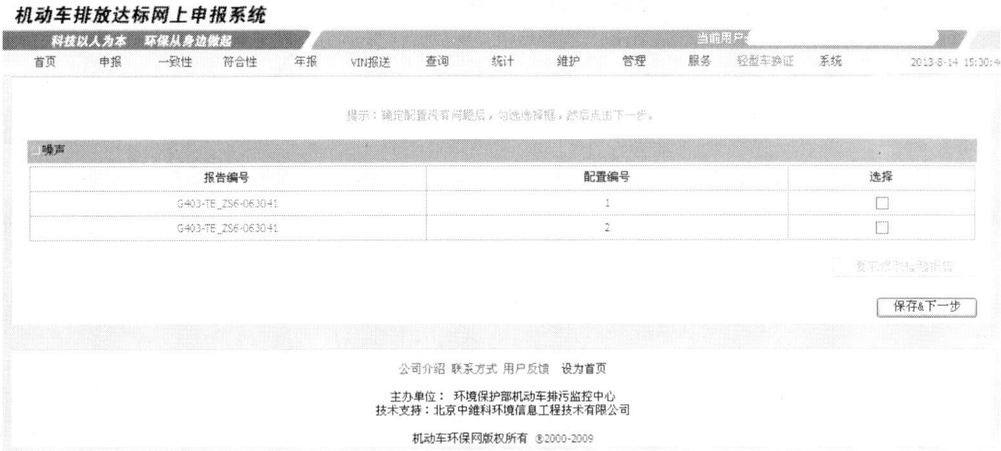

图 1-155

【注意事项】

车型要生成申报表，必须满足一定条件，见下表。

	需要的检验报告	申报要求
重型柴油车	噪声	1）要求报告中的车辆生产厂，车辆型号，名称，发动机型号生产厂必须一致 2）要求车辆使用的发动机已经通过了型式核准审核
重型汽油车	双怠速，曲轴箱，燃油蒸发，噪声	
重型燃气车	双怠速，曲轴箱，噪声	

6．确定车型配置。

选择配置，点击保存下一步（图 1-156）。

图 1-156

7．确定申请。

有需要说明的问题，可在此进行说明（图 1-157）。

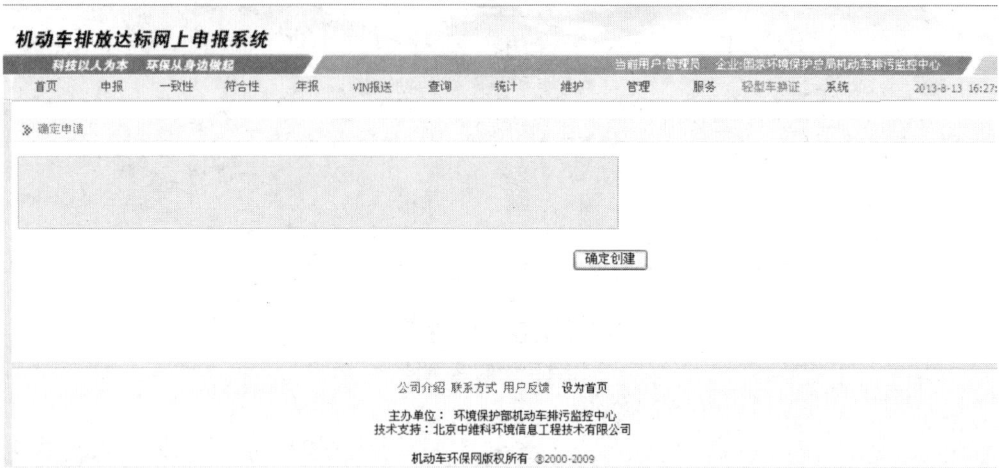

图 1-157

确认无误后，点击 确定创建。系统提示成功创建申报表（图 1-158）。

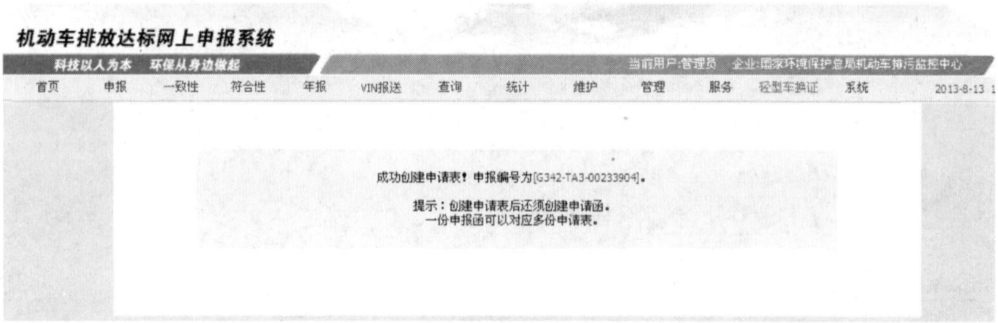

图 1-158

【注意事项】

创建申报表成功后，需要创建和发送申报函才算完成申报工作。

二、创建申报函

点击申报中的 创建申报函，可以创建新的申报函。

1．点击 创建申报函（图 1-159）。

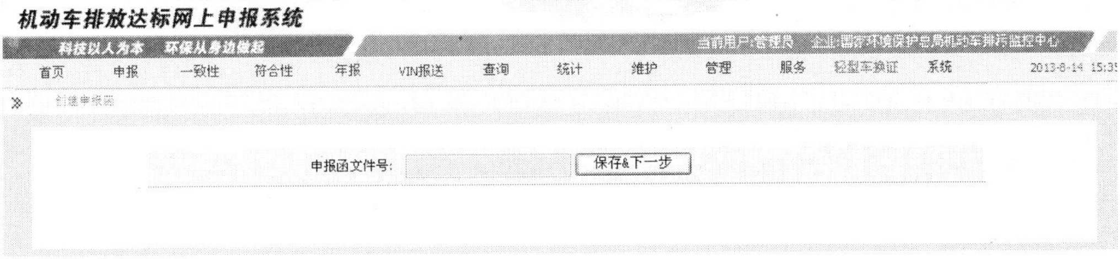

图 1-159

【注意事项】

（1）申报函文件号由用户自行定义。

（2）文字、字母、数字均可，但同一企业的申报函文件号不能重复。

（3）填写申报函号中，点击保存下一步。

2．挑选申报表，系统会列出所有状态为无函的申报表（图 1-160）。

图 1-160

（1）选择需要的申报表，点击将申报表加入。

（2）选择完毕后，点击查看申报函明细，查看此申报函中所有对应的申报表（图 1-161）。

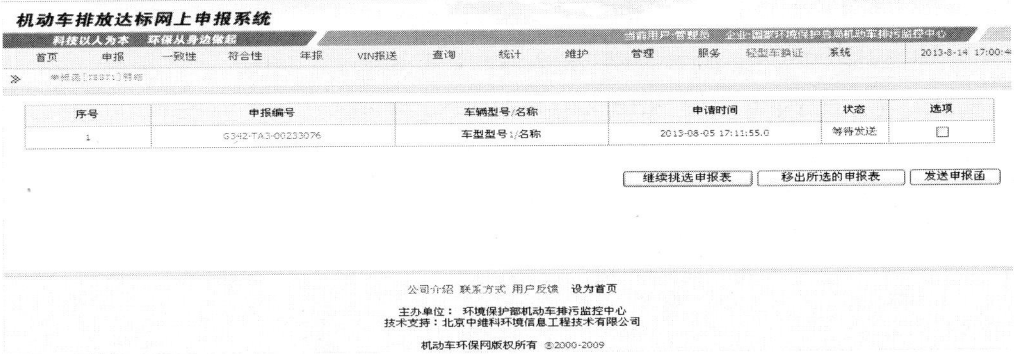

图 1-161

3．发送申报函。

确定申报函中所有对应的申报表没有问题后，点击发送申报函（图 1-162）。

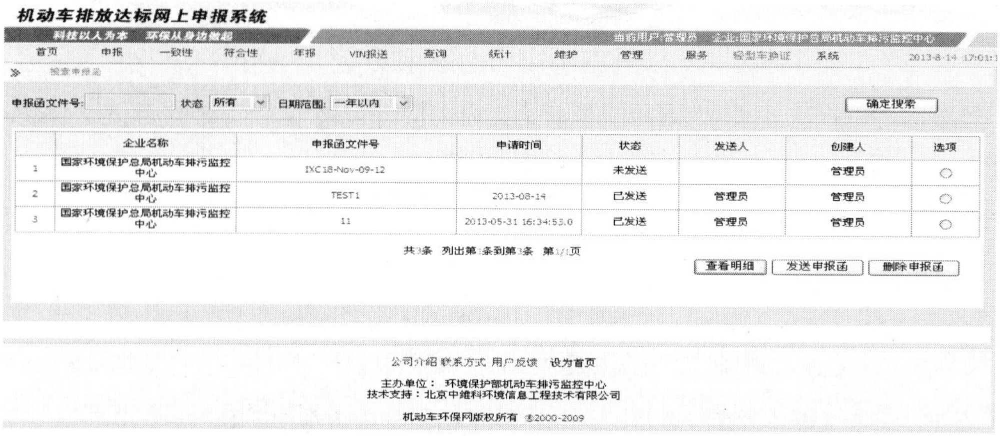

图 1-162

系统提示发送成功，至此一次车型的申请完成。

【注意事项】

可以通过查看系统中的申报表状态确定申报是否被接受，如果状态为“已审核”则表示已通过申请；如果为“被打回”或者“等待”状态，可以点击查看审核结论。

第五节　发动机环保生产一致性保证书申报操作说明

发动机一致性申报操作步骤包括：商标管理、创建计划书附录 A、计划书附录申请备案、修改或增补计划书附录 A。

一、商标管理

点击一致性 菜单中的商标管理，进入商标管理界面（图 1-163）。

输入商标，点 提交 按钮，即可保存新的商标。通过列表中的 修改 可以直接修改已经增加的商标信息。

* 注：如果在填写附录 A 时，没有可选的商标，请到 商标管理 维护以后再进入附录选择。

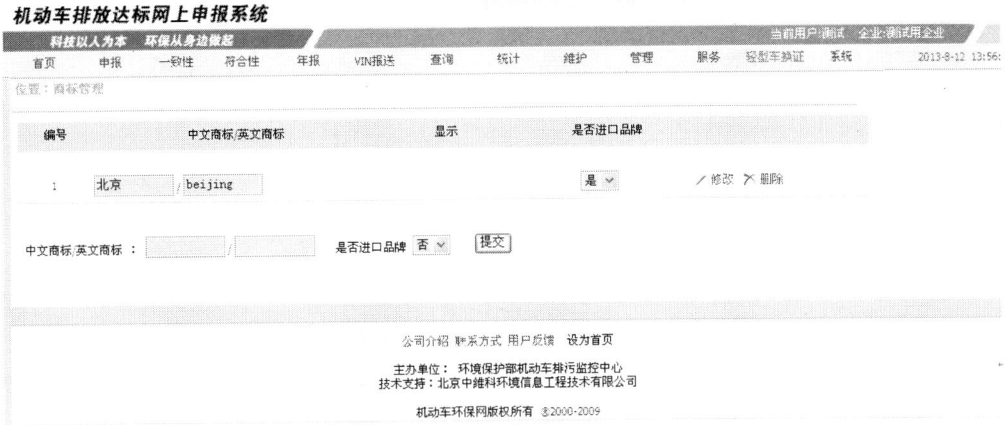

图 1-163

二、创建计划书附录 A

（一）创建计划书

登录机动车排放达标网上申报系统，点击一致性 菜单中的创建计划书。

1．点击 创建计划书开始创建，进入选择车辆类别界面（图 1-164）。

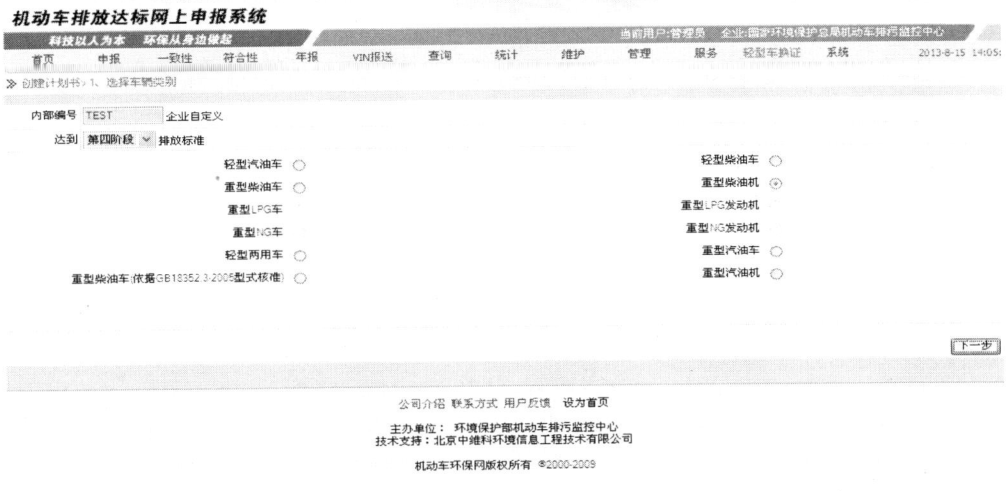

图 1-164

【注意事项】

（1）根据选择阶段不同，填写的资料格式也是不同的，且选择后不可随意修改。

（2）内部编号为用户自定义的编号，一个计划书只对应一个内部编号且内部编号不能修改。

（3）选择车型类别后，点击下一步按钮。

2．填写系族名称，选择执行的国家标准，填写企业标准（如多个请用逗号隔开）（图

1-165）。

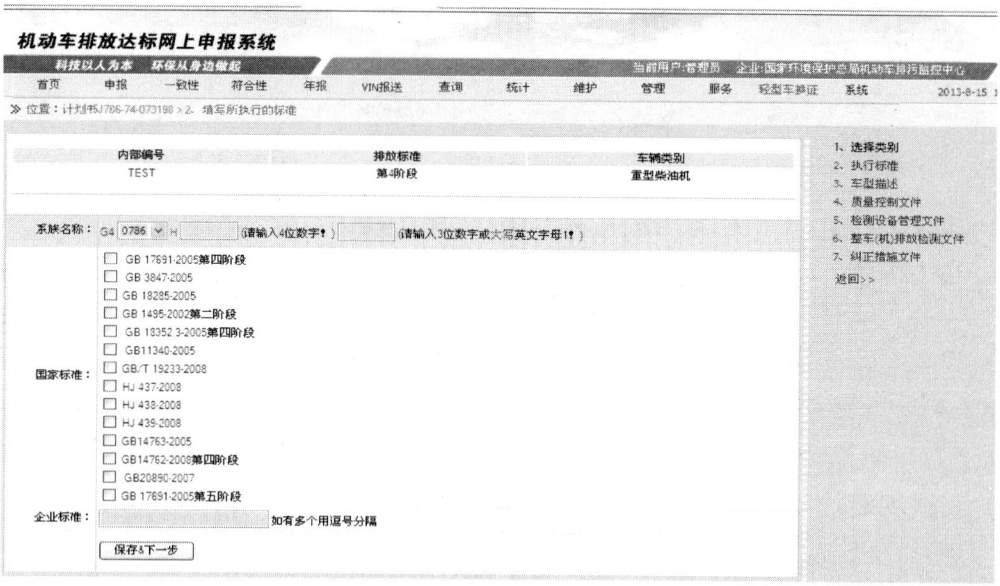

图 1-165

点击保存&下一步。

【注意事项】

◇ 同一个系族的发动机必须放在一个计划书。

3．进入车型描述页面。

每一系列车型需要填写一个车型描述，称为附录 A（具体内容要求参考相关标准）。显示所有的附录 A 列表（图 1-166）。

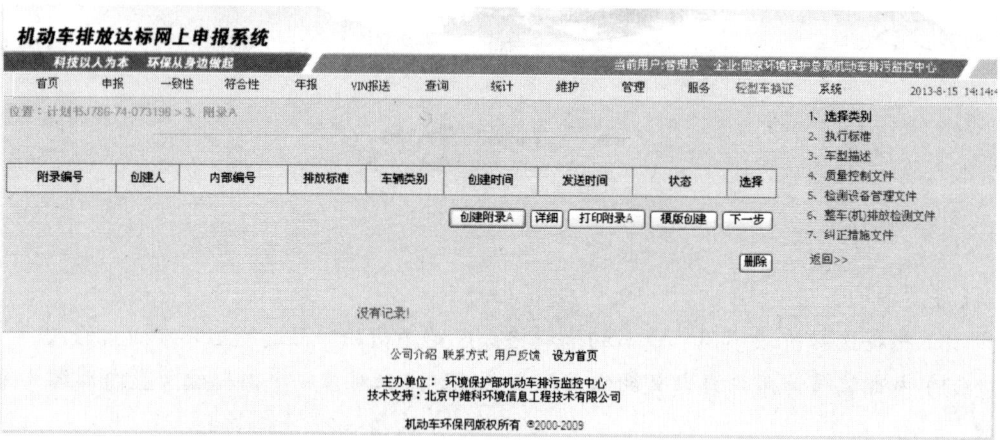

图 1-166

（二）创建附录 A

1．创建附录 A。

以重型柴油机为例，进入附录详细界面（图 1-167）。

（1）填写概述信息。

图 1-167

◇ 如无商标选择，请进入“商标管理”添加。

◇ 附录上传图片说明。

◇ 点击 上传图片 按钮。

◇ 在新窗口中点击 浏览... 按钮，选择要上传的图片，点击 上传 按钮上传图片。

◇ 成功后自动返回上一页。

【注意事项】

A. 图片上传成功后，会有缩略图显示到网页上。

B. 系统要求图片格式为 JPG 类型，大小限制：512 kB，图片尺寸建议分为：

尺寸	640×480	1024×768
类别名称	照片类	示意图纸类

（2）填写冷却系统。

根据冷却方式不同，要求填写的信息也不同。

选择液冷时（图 1-168）：

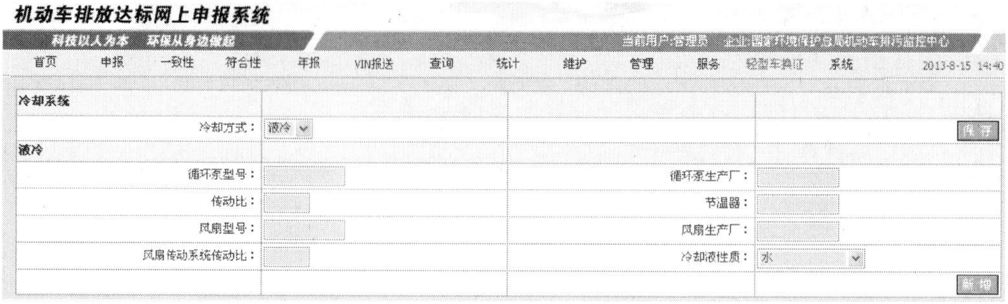

图 1-168

选择风冷时（图 1-169）。

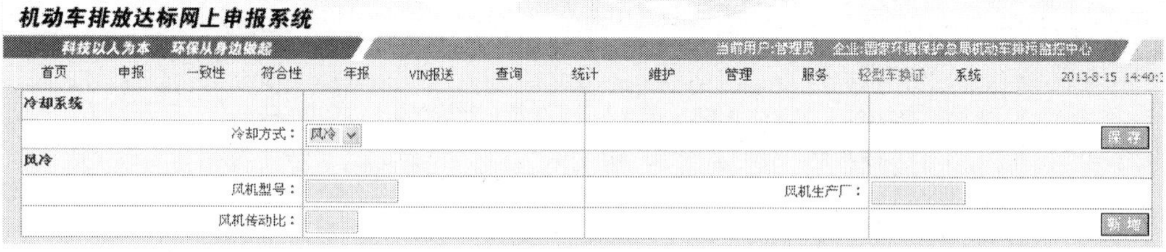

图 1-169

（3）填写制造厂允许温度（图 1-170）。

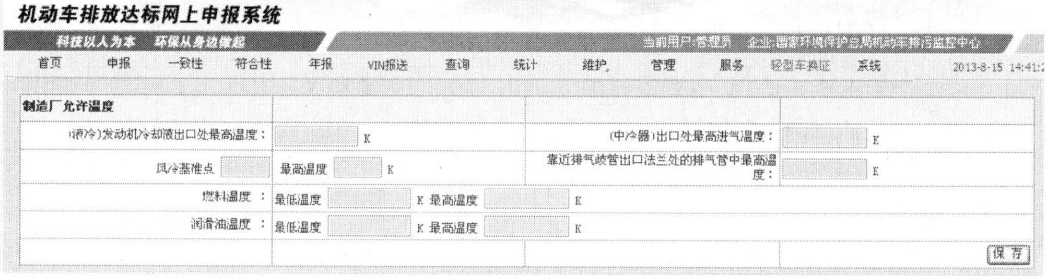

图 1-170

（4）填写进气系统（图 1-171）。

图 1-171

（5）填写燃料供给（图 1-172）。

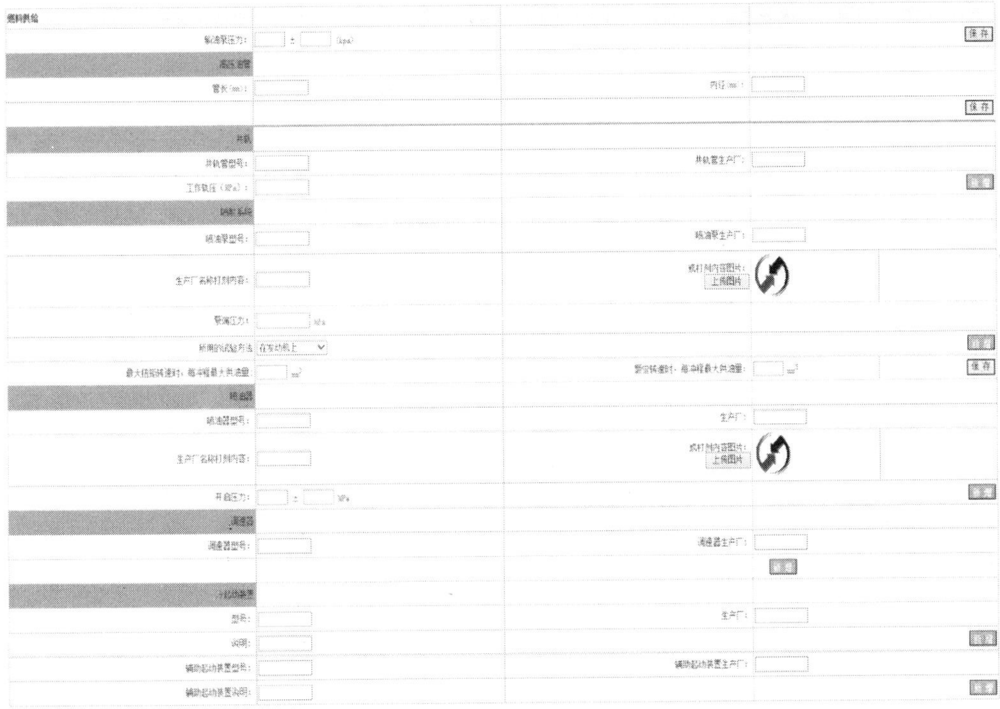

图 1-172

（6）填写 EECU（图 1-173）。

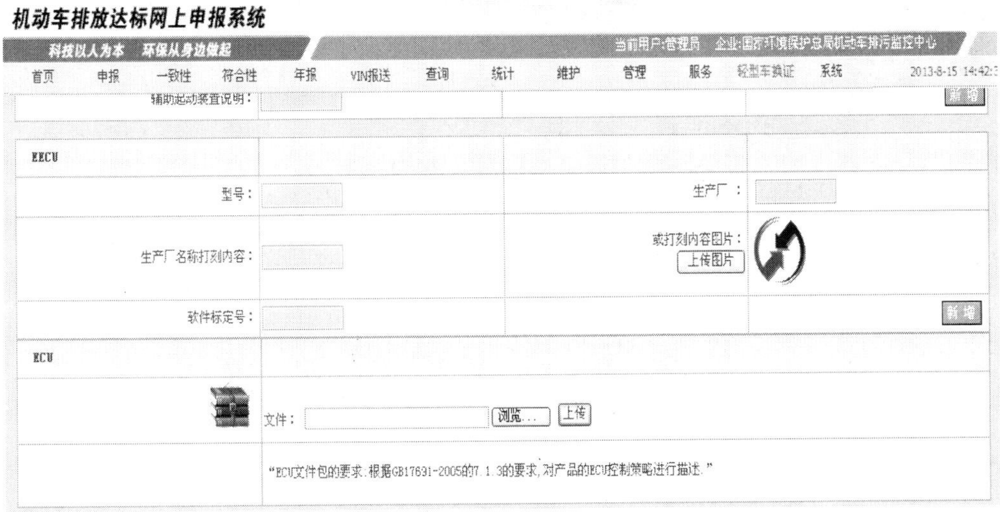

图 1-173

（7）填写 OBD（图 1-174）。

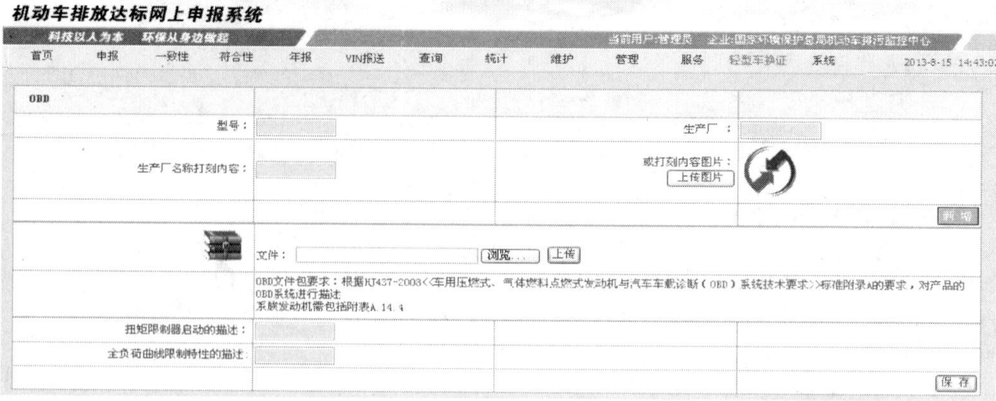
机动车排放达标网上申报系统
科技以人为本 环保从身边做起
当前用户:管理员 企业:国家环境保护总局机动车排污监控中心
首页 申报 一致性 符合性 年报 VIN报送 查询 统计 维护 管理 服务 轻型车换证 系统
OBD
型号：
生产厂：
生产厂名称打刻内容：
或打刻内容图片：
上传图片
新增
文件：
浏览...
上传
OBD文件包要求：根据HJ437-2008<<车用压燃式、气体燃料点燃式发动机与汽车车载诊断（OBD）系统技术要求>>标准附录A的要求，对产品的OBD系统进行描述
系族发动机需包括附表A.14.4
扭矩限制器启动的描述：
全负荷曲线限制特性的描述：
保存

图 1-174

（8）填写气门正时和排气系统（图 1-175）。

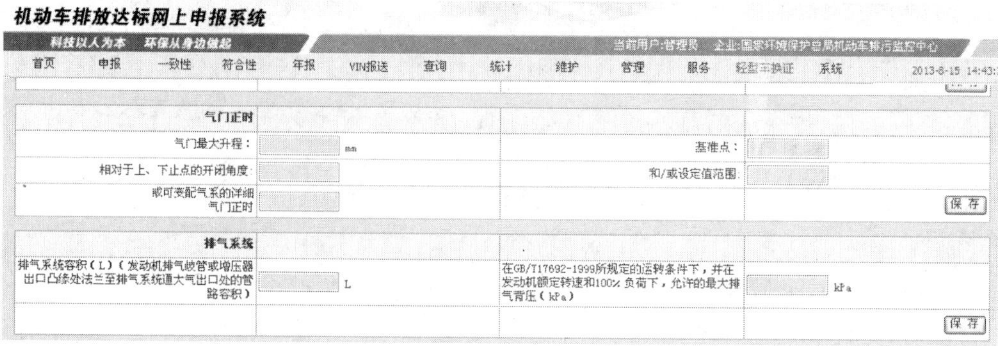
机动车排放达标网上申报系统
科技以人为本 环保从身边做起
当前用户:管理员 企业:国家环境保护总局机动车排污监控中心
首页 申报 一致性 符合性 年报 VIN报送 查询 统计 维护 管理 服务 轻型车换证 系统
气门正时
气门最大升程：
mm
基准点：
相对于上、下止点的开闭角度
和/或设定值范围
或可变配气系的详细气门正时
保存
排气系统
排气系统容积（L）（发动机排气歧管或增压器出口凸缘处法兰至排气系统通大气出口处的管路容积）
L
在GB/T17692-1999所规定的运转条件下，并在发动机额定转速和100% 负荷下，允许的最大排气背压（kPa）
kPa
保存

图 1-175

（9）填写 EGR、空气喷射装置、其他装置（图 1-176）。

机动车排放达标网上申报系统
科技以人为本 环保从身边做起
当前用户:管理员 企业:国家环境保护总局机动车排污监控中心
首页 申报 一致性 符合性 年报 VIN报送 查询 统计 维护 管理 服务 轻型车换证 系统
防止污染控制附加装置
EGR
EGR型号：
EGR生产厂：
生产厂名称打刻内容：
或打刻内容图片：
上传图片
控制方式：
机械式
特征曲线图：
上传图片
冷却：
有
新增
空气喷射装置
空气喷射装置型号：
空气喷射装置生产厂：
空气喷射装置型式：
新增
其他装置
型号：
生产厂：
系统说明：
新增

图 1-176

（10）填写排气后处理系统、催化转化器（图 1-177）。

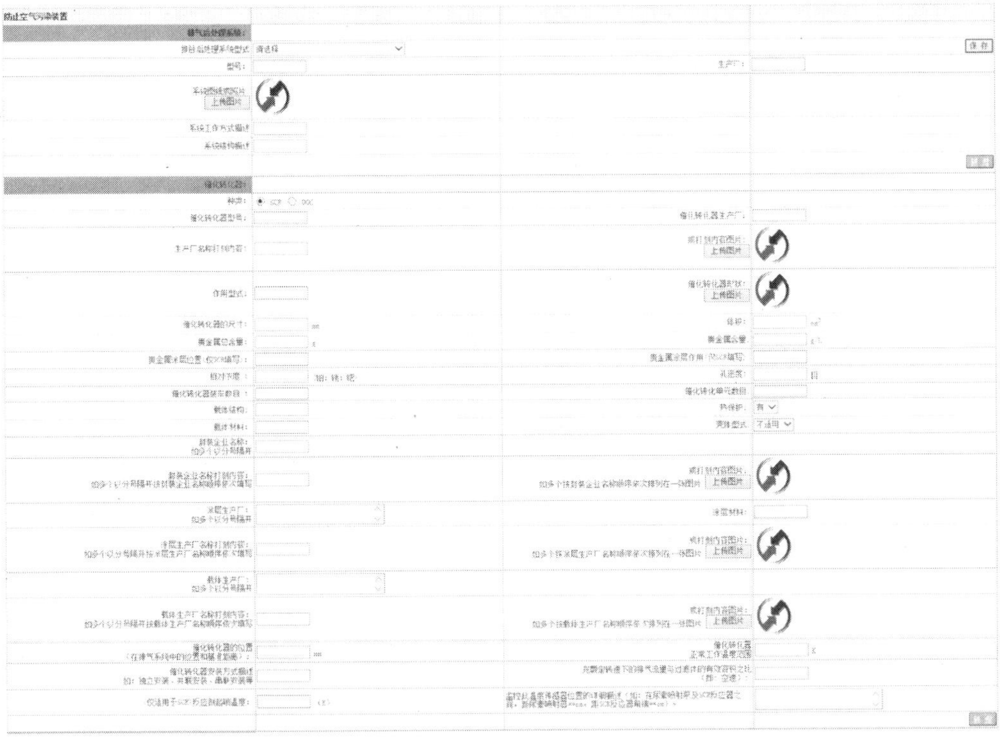

图 1-177

（11）填写反应剂喷射系统、反应剂、NO_x传感器、DCU（图 1-178）。

图 1-178

（12）填写氧传感器、颗粒物捕集器（图 1-179）。

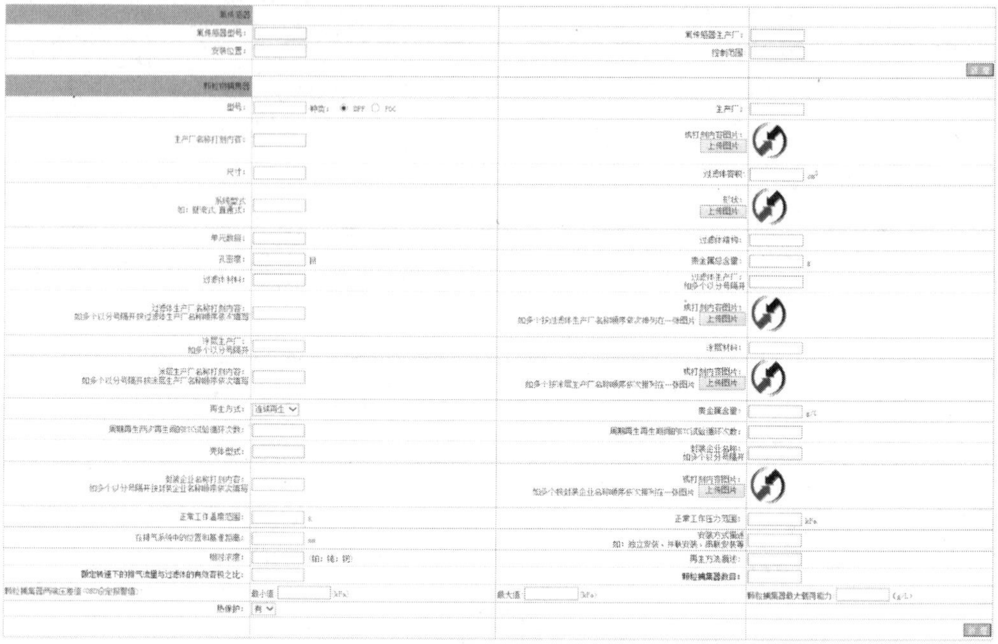

图 1-179

（12）填写试验条件附加说明（图 1-180）。

图 1-180

填写完毕后返回附录列表页面（图 1-181）。

2．填写质量控制文件（图 1-182）。

3．填写检验设备控制文件（图 1-183）。

4．填写整车（机）排放检验管理文件（图 1-184）。

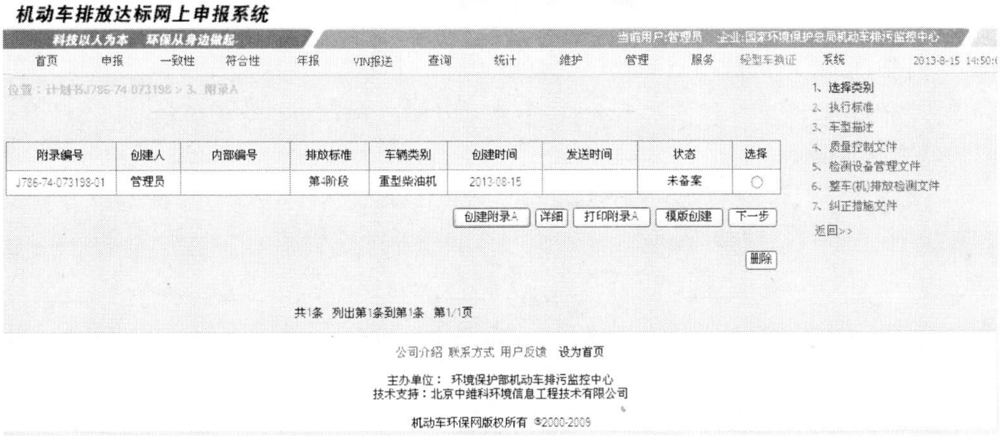

图 1-181

图 1-182

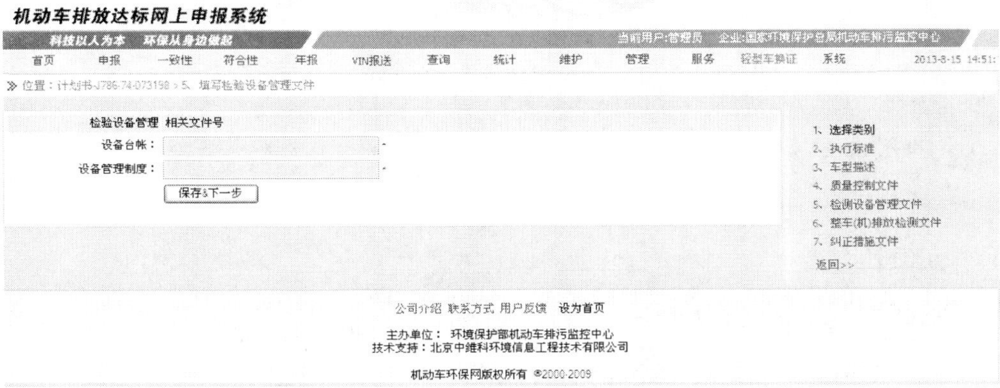

图 1-183

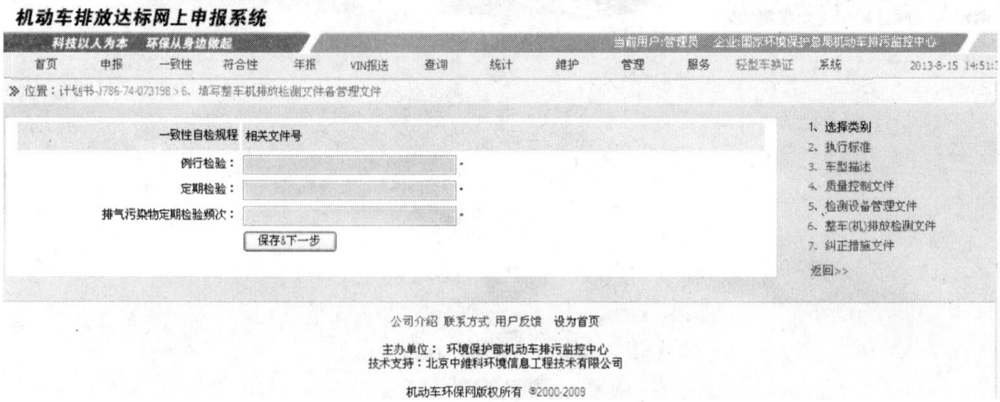

图 1-184

5．纠正措施文件（图 1-185）。

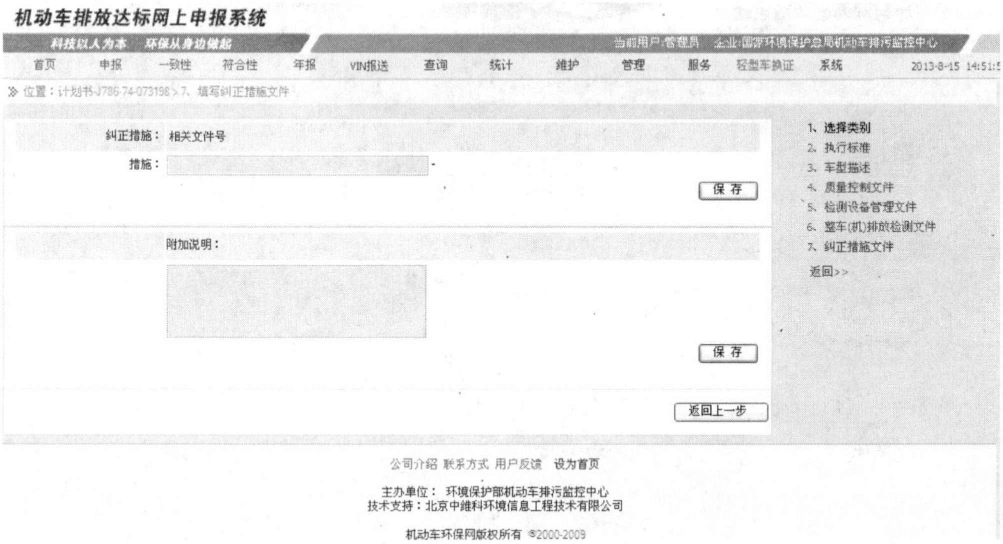

图 1-185

【注意事项】

一份计划书可以对应多个附录 A，按要求、提示逐一填写。

计划书附录 A 填写完成后需要申请备案，通过审核后，检测机构才能下载附录出检验报告。

三、申请备案

点一致性下面的计划书管理菜单进入计划书管理页面，选择要备案的计划书点击申请备案。按提示选择相应的计划书和附录进行申请，点击确定（图 1-186）。

图 1-186

返回后可看到计划管理列表中计划书的状态变为申请中

【注意事项】

（1）计划书和附录是可以单独申请备案。

（2）单独申请一个附录 A 备案也参考该操作流程。

四、修改和增补计划书附录 A

在计划书管理页面：

◇ 如果未备案，可选择相应的计划书，点击修改或增补直接进入详细页面修改。

◇ 如果申请中或已备案，则需选中相应的计划书，点击修改或增补（图 1-187）。

图 1-187

选择要修改的计划书或者附录，点击确定（图 1-188）。

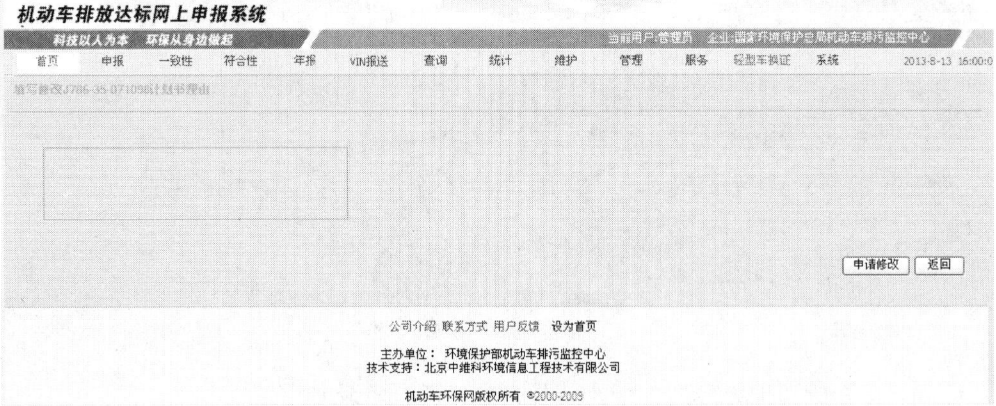

图 1-188

按提示输入理由后，点击申请修改。

五、相关说明

编号说明：

★ 计划书编号格式例子：J123-34-000027（厂家编号-车辆类别阶段-序号）。

★ 附录 A 编号格式例子：J123-34-000027-01（计划书号-序号）。

第六节　发动机环保型式核准申报操作说明

发动机型式核准申报包括：创建申报表、创建申报函、发送申报函。

一、创建申报表

以重型柴油机为例：

1. 点击申报中的创建申报表，系统提示输入车机型关键字（支持模糊查询）等条件（图 1-189）。

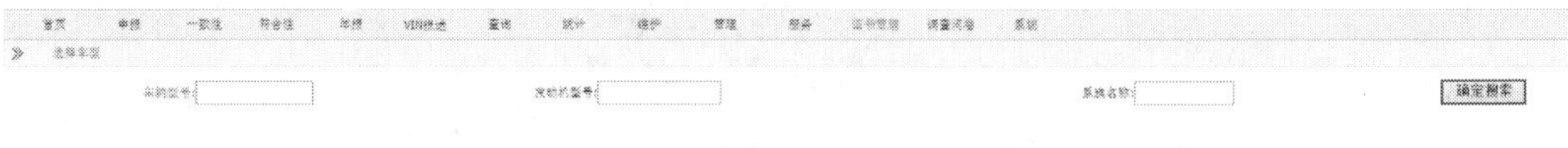

图 1-189

点击确定搜索，查看所有符合搜索条件的机型（图 1-190）。

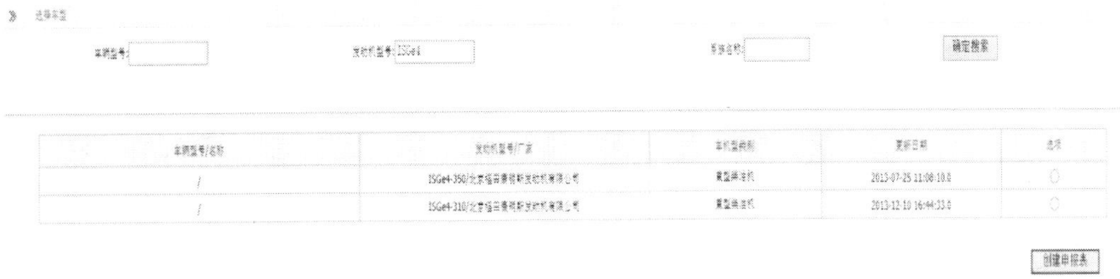

图 1-190

【注意事项】

（1）机型列表是根据检测机构上传的检验报告显示。如果未搜索到，请向检测机构确认是否已上传检验报告。

（2）更新日期表示该车型最新的一份检验报告的上传日期。

（3）创建申报表之前，请确认发动机的计划书和附录 A 都已经备案。

2．选择相应机型，点击创建申报表。

确定申请类型、达到的排放阶段、是否进口车（图 1-191）。

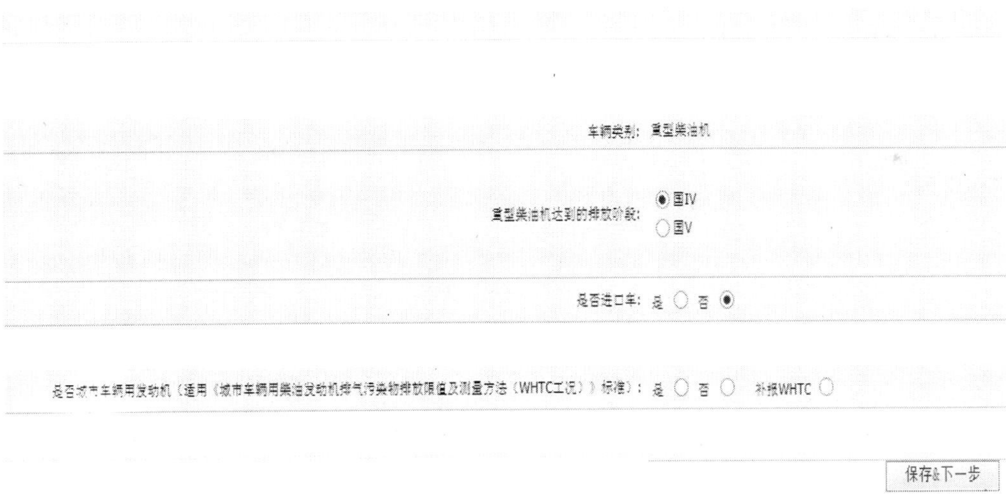

图 1-191

3．点击保存下一步，确定该车型所使用的报告（图 1-192）。

图 1-192

【注意事项】

机型要生成申报表，机型的配置必须满足一定条件，见下表。

<table>
<tr><th rowspan="2"></th><th colspan="2">需要的检验报告</th><th rowspan="2">参数要求</th><th rowspan="2">配置要求</th></tr>
<tr><th>国 4</th><th>国 5</th></tr>
<tr><td>压燃式发动机</td><td colspan="2">排气污染物，排气烟度，耐久性，OBD</td><td rowspan="3">要求报告中的发动机型号，发动机生产厂，最大净功率、功率转速，最大扭矩、扭矩转速必须一致</td><td>要求报告中：喷油泵、喷油器、增压器、ECU、EGR、催化转化器（SCR，DOC）、颗粒捕集器（POC，DPF）型号生产厂、中冷器型式必须一致；SCR\DOC\POC\DPF 的载体、涂层、封装生产厂必须一致</td></tr>
<tr><td>燃气发动机（点燃式）</td><td></td><td>排气污染物，耐久性，OBD</td><td>要求报告中：催化转化器/SCR、氧传感器、蒸发器/压力调节器、混合装置、喷射器、增压器、EECU、EGR 的型号生产厂中冷器型式必须一致；催化转化器/SCR 的载体、涂层、封装生产厂必须一致</td></tr>
<tr><td>重型汽油机</td><td>排气污染物，耐久性，OBD</td><td></td><td>要求报告中：催化转化器、氧传感器、喷射泵/压力调节器、喷射器、增压器、OBD、EECU、EGR 的型号生产厂、中冷器型式必须一致</td></tr>
</table>

如果不能满足上面的条件，那么将无法选择；配置不能满足系统会用亮黄色显示。

4．确定车型配置。

根据所选择的报告，系统会自动组合配置。点击保存下一步（图 1-193）。

图 1-193

5．点击 保存&下一步确定申请。

有需要说明的问题，可在此进行说明（图 1-194）。

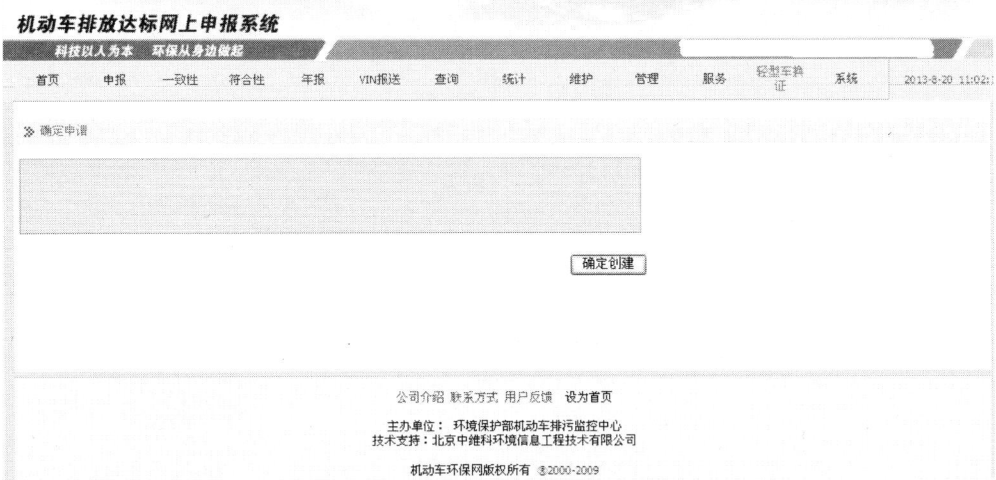

图 1-194

确认无误后，点击确定创建。系统提示成功创建申报表。

【注意事项】

创建申报表成功后，还需要创建并发送申报函才算完成申报工作。

二、创建申报函

点击申报中的 创建申报函，可以创建新的申报函。

1．点击 创建申报函（图 1-195）。

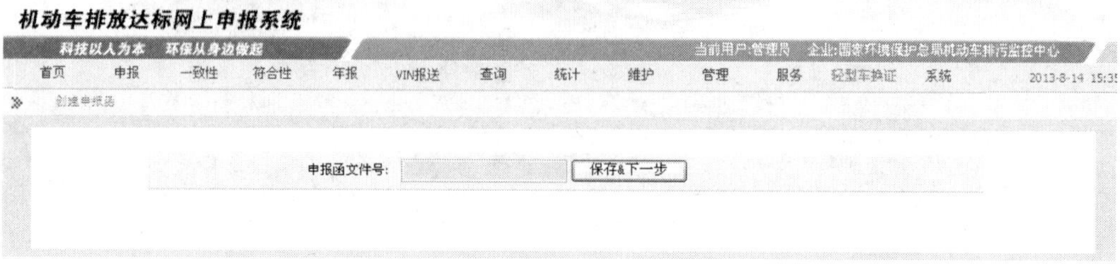

图 1-195

【注意事项】

（1）申报函文件号由用户自行定义。

（2）文字、字母、数字均可，但同一企业的申报函文件号不能重复。

（3）填写申报函号中，点击保存下一步。

2．挑选申报表，系统会列出所有状态为无函状态的申报表（图 1-196）。

申报编号	车辆型号/名称	申请时间	状态	申报人	选项
G342-TA3-00233076	车型型号1名称	2013-08-05 17:11:55.0	无函	管理员	☐
G322-TA2-00213139	dxh三轮汽车	2013-04-02 15:28:59.0	无函	管理员	☐
G322-TA2-00213133	dxh三轮汽车	2013-04-02 15:21:12.0	无函	管理员	☐
G342-TA5-00152625	主车型型号:名称:	2011-12-14 16:27:10.0	无函	管理员	☐
G332-TA5-00061779	主车型型号名称	2009-02-27 15:36:59.0	无函	管理员	☐
G332-TA5-00061773	主车型型号名称	2009-02-27 15:28:11.0	无函	管理员	☐
G332-TA5-00061772	主车型型号名称	2009-02-27 15:27:24.0	无函	管理员	☐
G332-TA5-00061044	主车型型号名称	2009-02-19 11:21:08.0	无函	管理员	☐
G332-TA5-00061041	主车型型号名称	2009-02-19 11:11:53.0	无函	管理员	☐
G342-TA7-00059278	----	2009-01-20 15:40:09.0	无函	管理员	☐

图 1-196

（1）选择需要的申报表，点击将申报表加入。

（2）全部选择完毕后，点击查看申报函明细，查看此申报函中所有对应的申报表（图

1-197）。

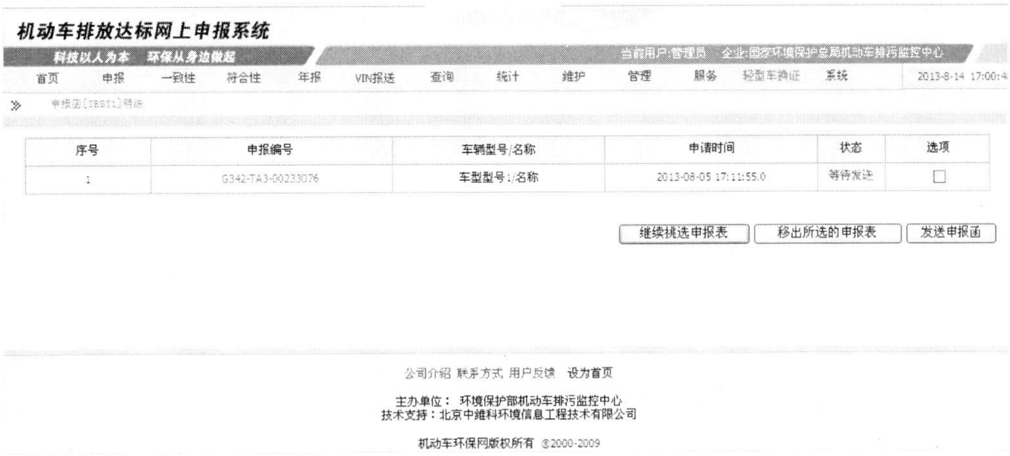

图 1-197

三、发送申报函

确定申报函中所有对应的申报表没有问题后，点击发送申报函（图 1-198）。系统提示发送成功，至此一次机型的申报完成。

图 1-198

【注意事项】

可以通过查看系统中的申报表状态确定申报是否被接受，如果状态为“已通过”则表示已通过申请；如果为“被打回”或者“等待”状态，可以点击查看审核结论。

第七节 摩托车环保生产一致性保证书申报操作说明

摩托车一致性申报步骤包括：商标管理、创建计划书附录 A、计划书附录申请备案、修改或增补计划书附录 A。

一、商标管理

点击一致性 菜单中的商标管理，进入商标管理界面（图 1-199）。

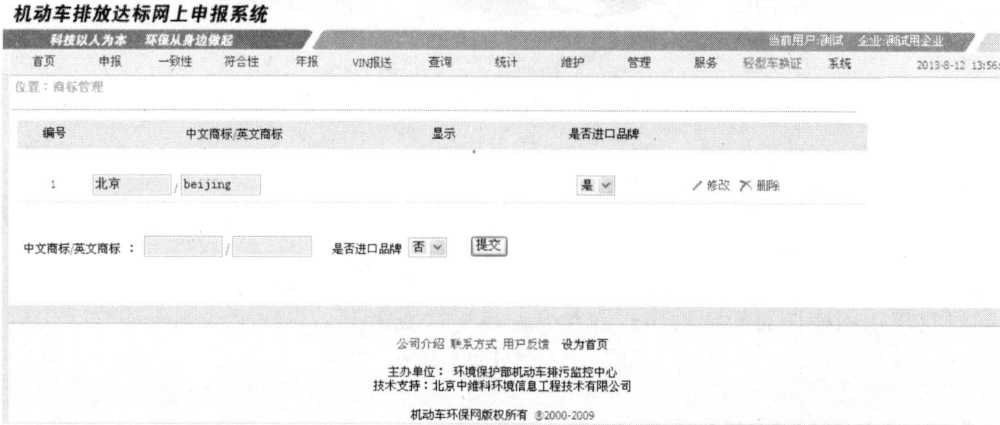

图 1-199

输入商标，点 提交 按钮，即可保存新的商标。通过列表中的 修改 可以直接修改已经增加的商标信息。

* 注：如果在填写附录 A 时，没有可选的商标，请到 商标管理 维护以后再进入附录选择。

二、创建计划书附录 A

（一）创建计划书

登录机动车排放达标网上申报系统，点击一致性 菜单中的创建计划书。

1．点击 创建计划书开始创建，进入选择车辆类别界面（图 1-200）。

【注意事项】

（1）根据选择阶段不同，填写的资料格式也是不同的，且选择后不可随意修改。

（2）内部编号为用户自定义的编号，一个计划书只对应一个内部编号且内部编号不能修改。

（3）选择车型类别后，点击下一步按钮。

图 1-200

2．选择执行的国家标准，填写企业标准（如多个请用逗号隔开）（图 1-201）。

图 1-201

点击保存&下一步。

3．进入车型描述页面。

每一系列车型需要填写一个车型描述，称为附录 A（具体内容要求参考相关标准）。显示所有的附录 A 列表（图 1-202）。

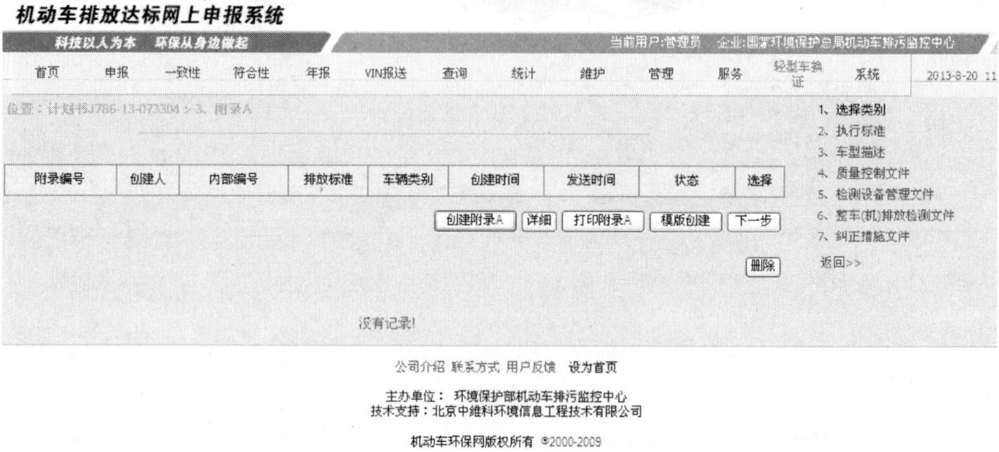

图 1-202

（二）创建附录 A

1．附录 A 相关说明

（1）附录填写说明

◇ 具体项目含义请参考相关标准和文件。

◇ 如果要修改或删除，点击对应行后的修改或删除执行操作。

◇ 保存 按钮：保存当前已经填好的信息。

◇ 新增、增加按钮： 表示对应的项目可以增加多个。增加完成后，对应的项目上方会出现一行相应的信息。可以使用后面的“详细”、“查看”、“修改”显示信息然后查看或修改内容（图 1-203）。

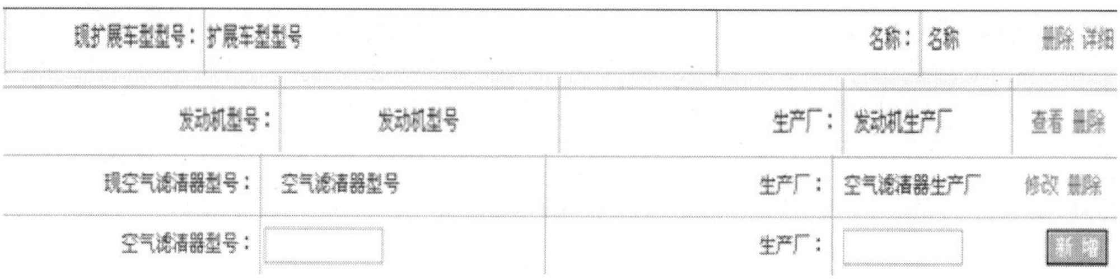

图 1-203

（2）附录图片上传说明

◇ 点击 上传图片 按钮。

◇ 在新窗口中点击 浏览... 按钮，选择要上传的图片，点击 上传 按钮上传图片。

◇ 成功后自动返回上一页。

【注意事项】

A. 图片上传成功后，会有缩略图显示到网页上；

B. 系统要求图片格式为 JPG 类型，大小限制：512 kB，图片尺寸建议分为：

尺寸	640×480	1024×768
类别名称	照片类	示意图纸类

2．创建附录 A

例：以 摩托车 为例，进入附录详细界面

进入附录界面，分为概述、总体特征、动力系、离合器、变速器、驱动轮胎。

（1）填写概述：

◇ 按提示填写车型型号、商标等信息，然后点击右下角 保存。

◇ 如果有多个扩展车型，填写扩展车型型号，名称，商标后点击 增加 按钮（图 1-204）。如果无法选择商标，请先到 商标管理 维护。

图 1-204

（2）填写总体特征（图 1-205）。

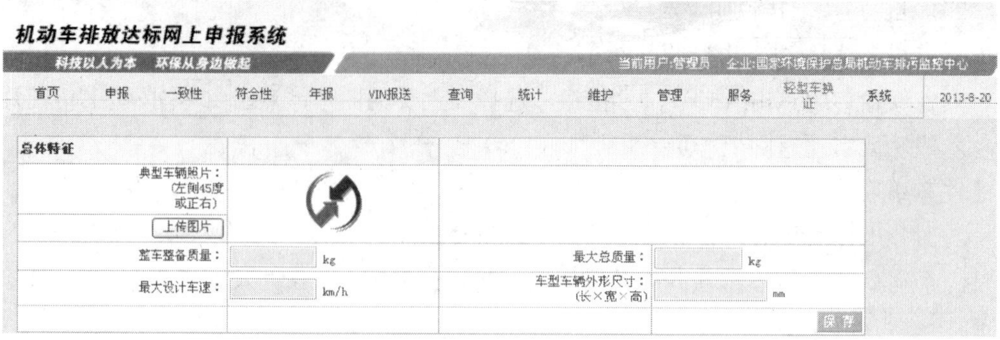

图 1-205

◇ 上传照片和示意图，上传成功后会有缩略图显示。

◇ 填写完后点击保存。

（3）填写发动机的信息（图 1-206）。

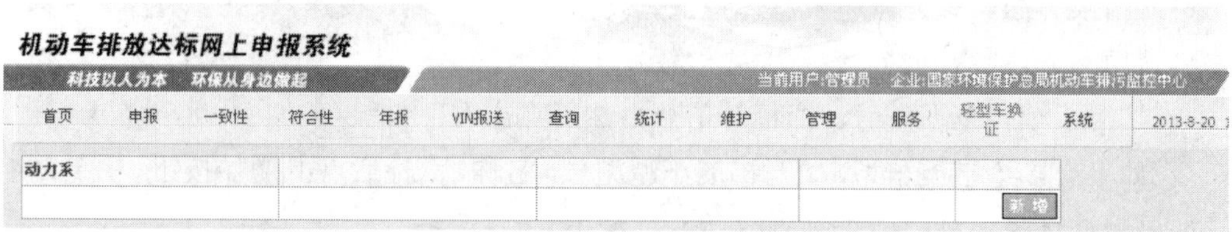

图 1-206

在动力系表格中，点击新增，填写发动机信息。

A. 按要求填写发动机概述（图 1-207）。

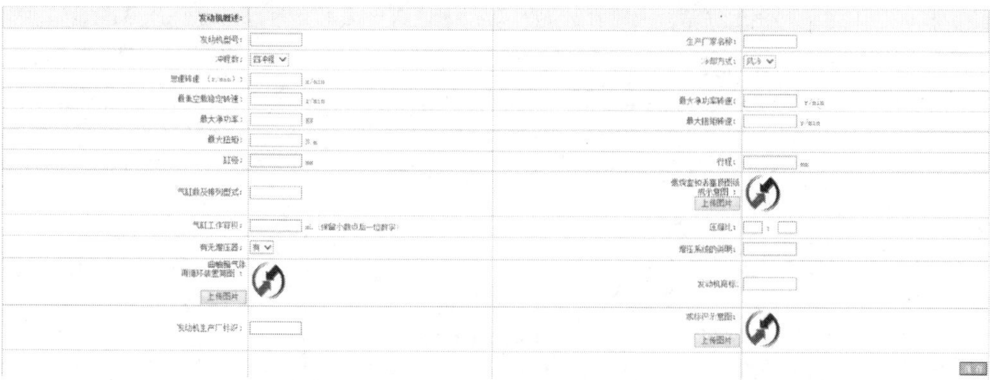

图 1-207

填写扩展发动机和烟度检测结果（图 1-208）。

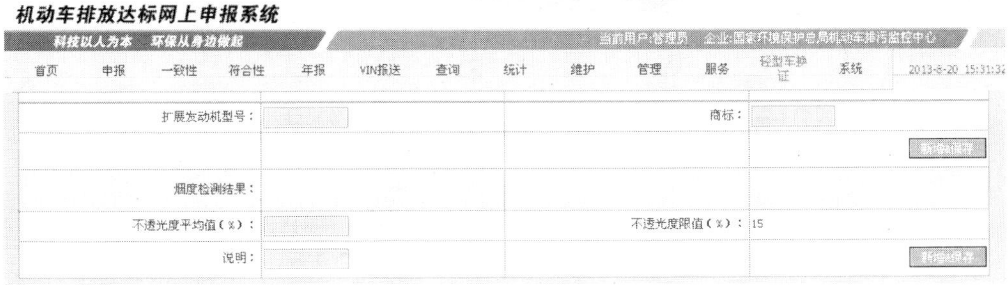

图 1-208

B. 填写发动机污染控制装置及催化转化器安装（图 1-209）。

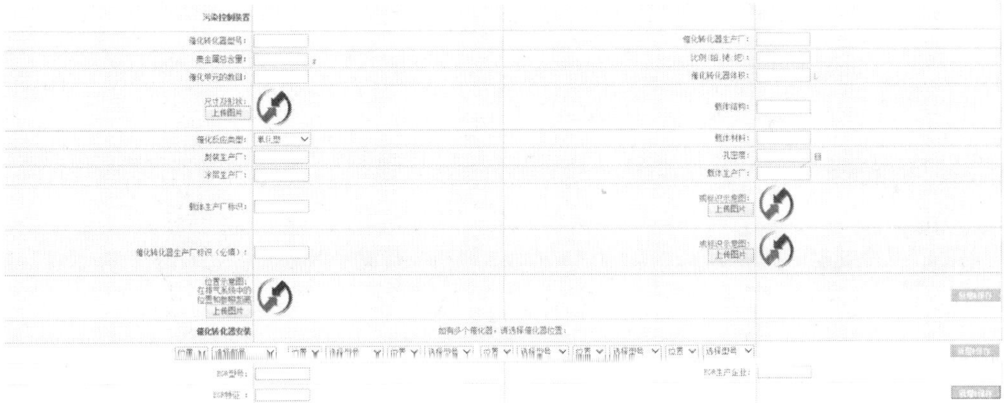

图 1-209

【注意】

填写完催化转化器的信息后，需要选择催化转化器的安装位置。

C. 填写发动机空气喷射装置（图 1-210）。

图 1-210

D. 填写发动机进气系统（图 1-211）。

图 1-211

E. 填写发动机燃油供给（图 1-212）。

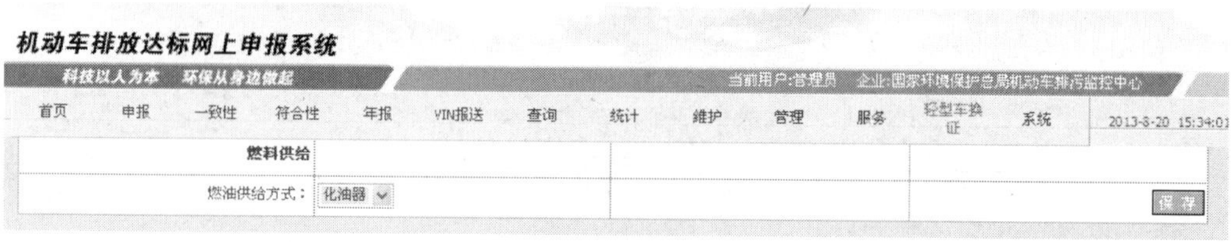

图 1-212

选择不同的燃油供给方式，需要填写不同的内容。

a. 选择化油器（图 1-213）。

图 1-213

b．选择电喷（图 1-214）。

图 1-214

F. 填写发动机蒸发污染控制装置（图 1-215）。

图 1-215

G. 填写发动机 ECU、氧传感器、进排气口的说明（图 1-216）。

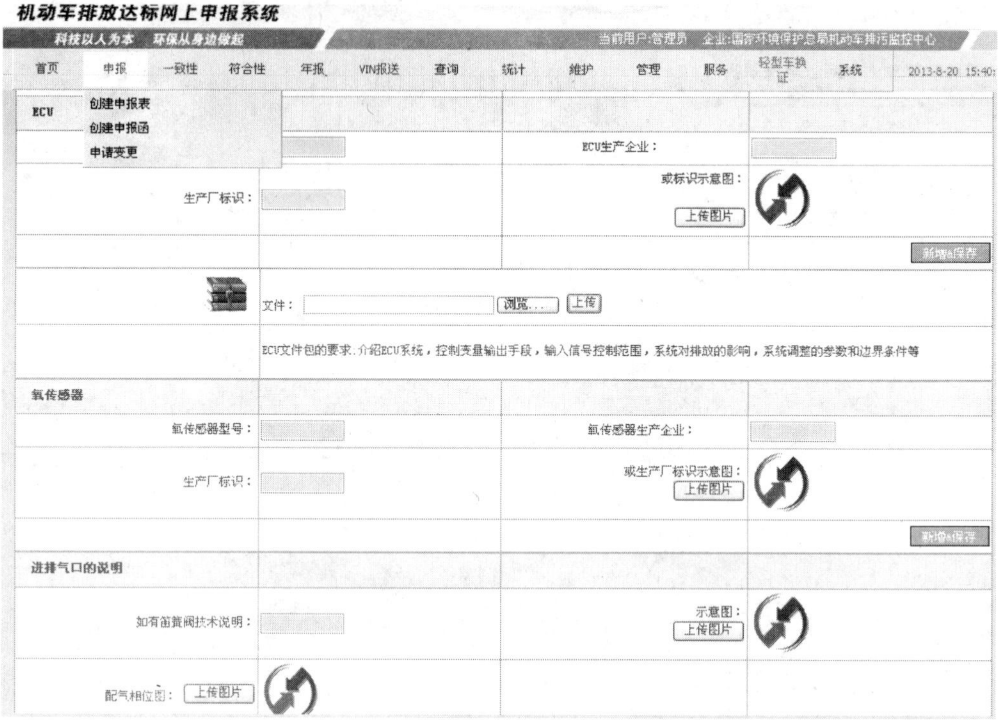

图 1-216

H. 填写发动机点火系统、火花塞、点火线圈、点火控制器（图 1-217）。

图 1-217

I. 填写发动机分电器、排气系统、润滑油（图 1-218）。

图 1-218

填写完成后点击返回，回到上一级页面，可以看到所增加的发动机。

如果有多个发动机，继续点击新增填写。

（4）填写离合器信息，填写各项后点击新增&保存（图 1-219）。

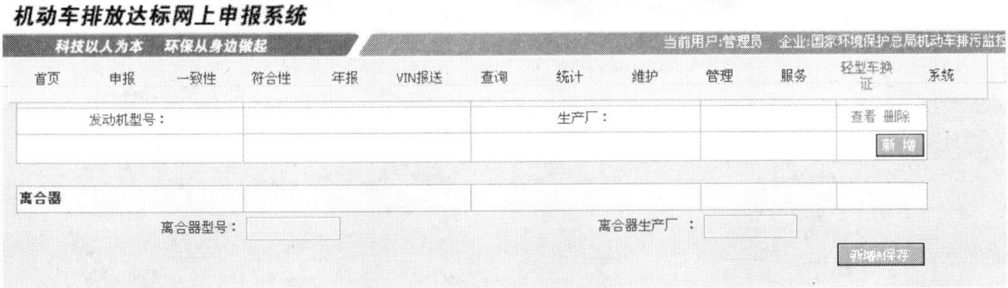

图 1-219

（5）填写变速器信息，填写完后点击新增&保存（图 1-220）。

（6）填写驱动轮胎信息，填写完后点击新增&保存（图 1-221）。

图 1-220

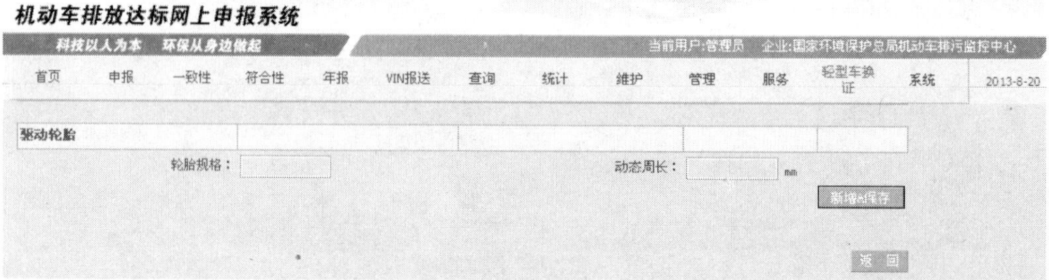

图 1-221

全部填写完毕后，点击返回。可以看到所创建的附录列表。

（三）填写质量控制文件（图 1-222）

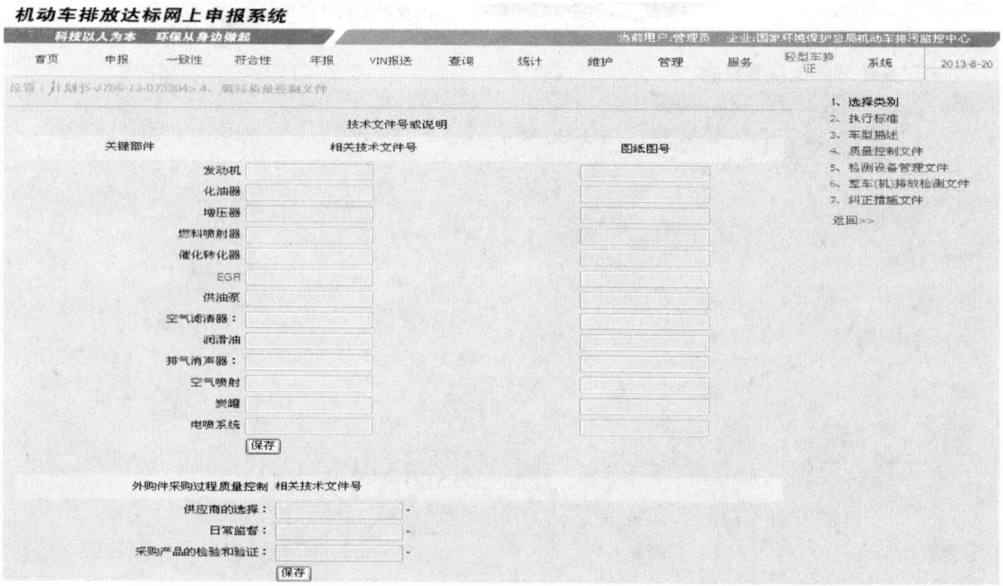

图 1-222

（四）填写检验设备控制文件（图 1-223）

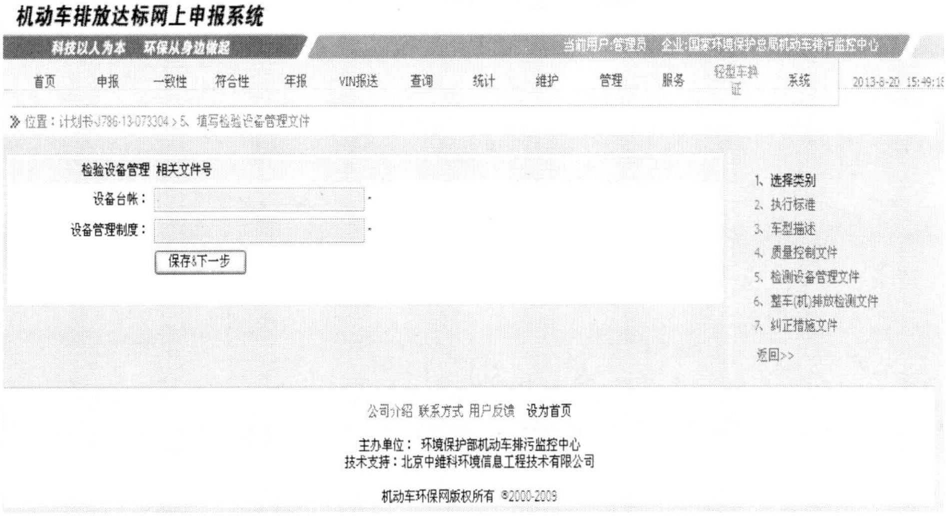

图 1-223

（五）填写整车排放检验管理文件（图 1-224）

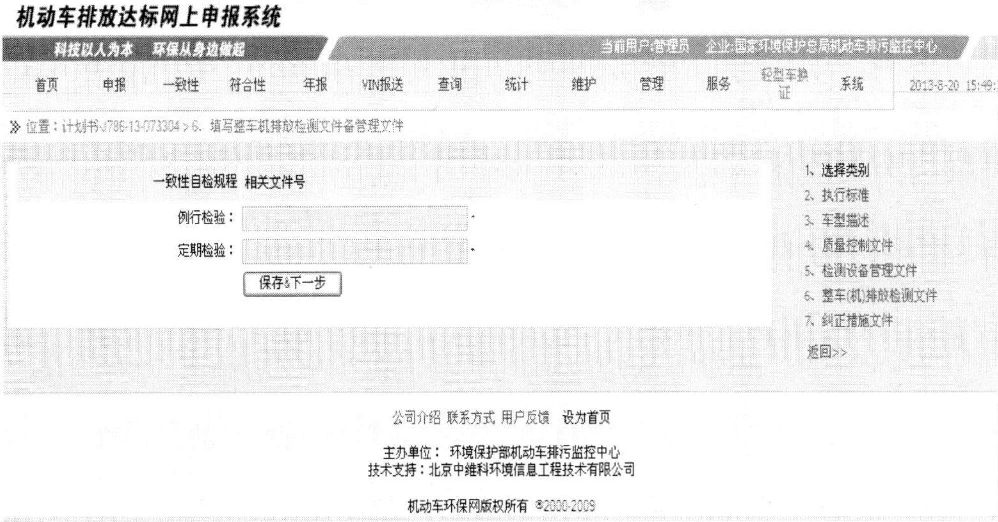

图 1-224

（六）纠正措施文件（图 1-225）

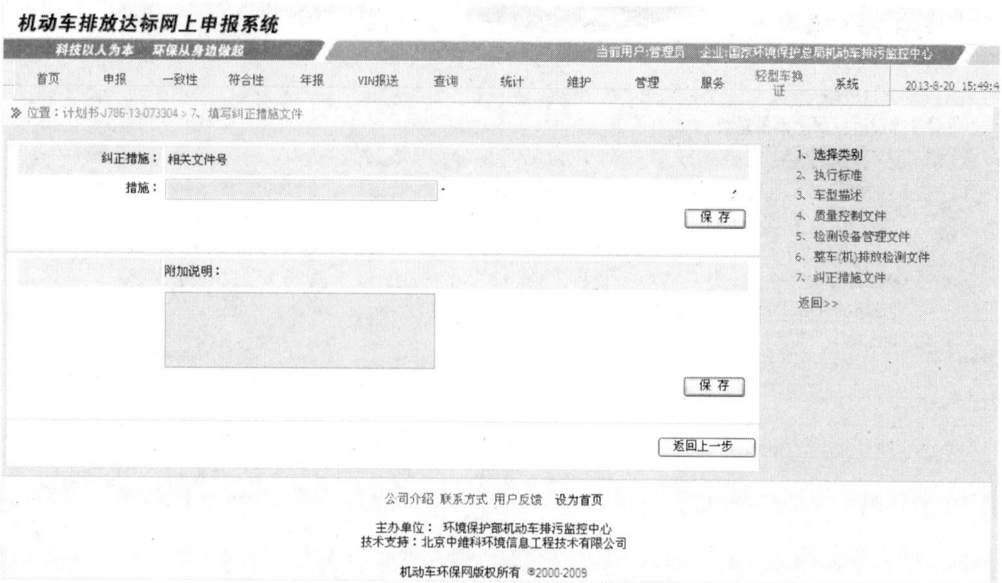

图 1-225

三、申请备案

点一致性下面的计划书管理菜单进入计划书管理页面，选择要备案的计划书点击申请备案。按提示选择相应的计划书和附录进行申请，点击确定（图 1-226）。

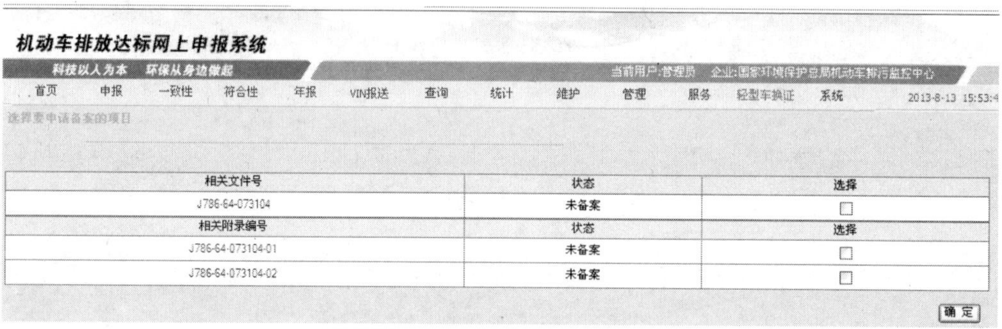

图 1-226

返回后可看到计划管理列表中计划书的状态变为申请中。

【注意事项】

（1）计划书和附录是可以单独申请备案。

（2）单独申请一个附录 A 备案也参考该操作流程。

四、修改和增补计划书附录 A

在计划书管理页面：

◇ 如果未备案，可选择相应的计划书，点击修改或增补直接进入详细页面修改。

◇ 如果申请中或已备案，则需选中相应的计划书，点击修改或增补（图 1-227）。

图 1-227

选择要修改的计划书或者附录，点击确定（图 1-228）。

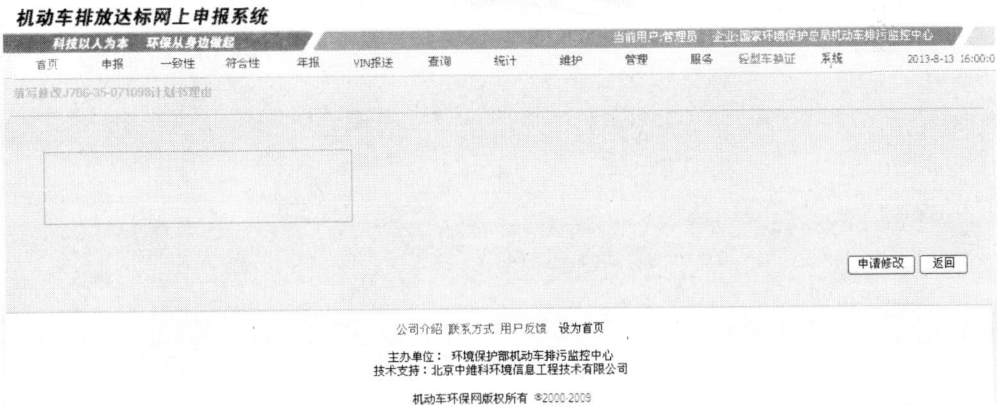

图 1-228

按提示输入理由后，点击申请修改。

五、相关说明

编号说明：

★ 计划书编号格式例子：J123-34-000027（厂家编号-车辆类别阶段-序号）。

★ 附录 A 编号格式例子：J123-34-000027-01（计划书号-序号）。

第八节　摩托车型式核准申报操作

摩托车型式核准申报包括：创建申报表、创建申报函、发送申报函。

一、创建申报表

以摩托车为例：

1. 点击申报中的创建申报表，系统提示输入车机型关键字（支持模糊查询）等条件（图 1-229）。

图 1-229

点击 确定搜索，查看所有符合搜索条件的车型（图 1-230）。

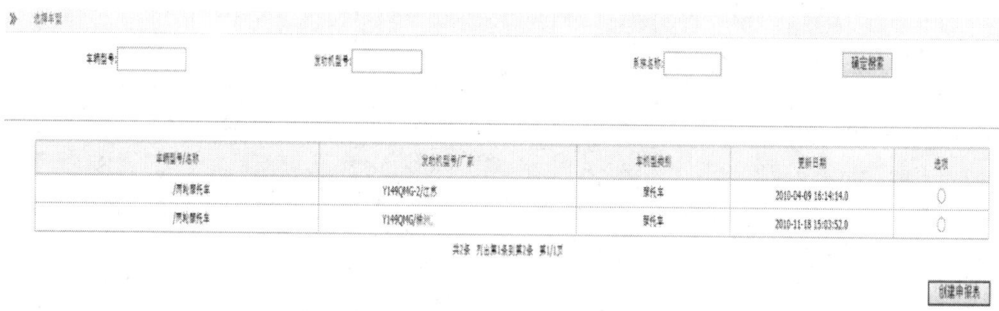

图 1-230

2. 选择相应机型后面的圆点，点击创建申报表。

确定申请类型、达到的排放阶段、是否进口车（图 1-231）。

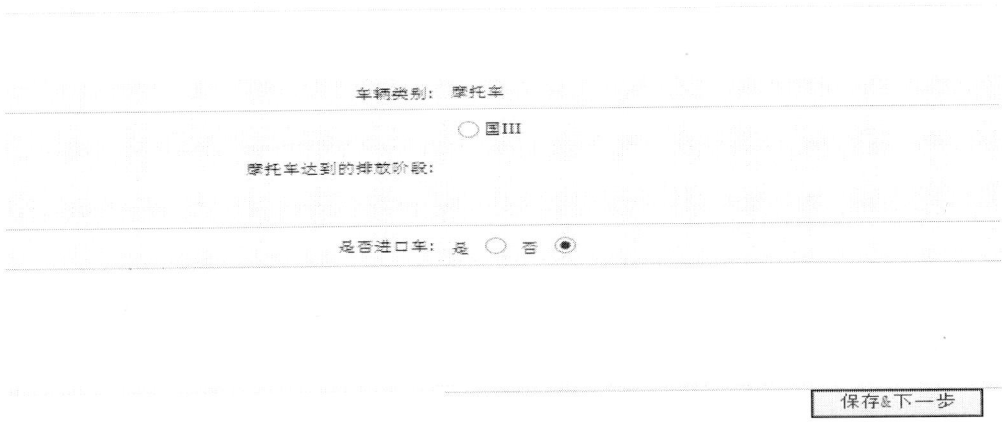

图 1-231

3．点击保存&下一步，确定该车型所使用的报告（图 1-232）。

图 1-232

【注意事项】

车型要生成申报表，车型的配置必须满足一定条件，见下表：

	需要的检验报告	检验报告参数要求
摩托车	排气污染物，耐久性，燃油蒸发，噪声	要求报告中的车辆生产厂、车辆型号、车辆名称、发动机型号、发动机生产厂必须一致
轻便摩托车		

如果不能满足上面的条件，那么将无法选择；配置不能满足系统会用亮黄色显示。

4．确定车型配置。

根据所选择的报告，系统会自动组合配置，点击保存&下一步（图 1-233）。

图 1-233

5．点击 保存&下一步确定申请。

有需要说明的问题，可在此进行说明（图 1-234）。

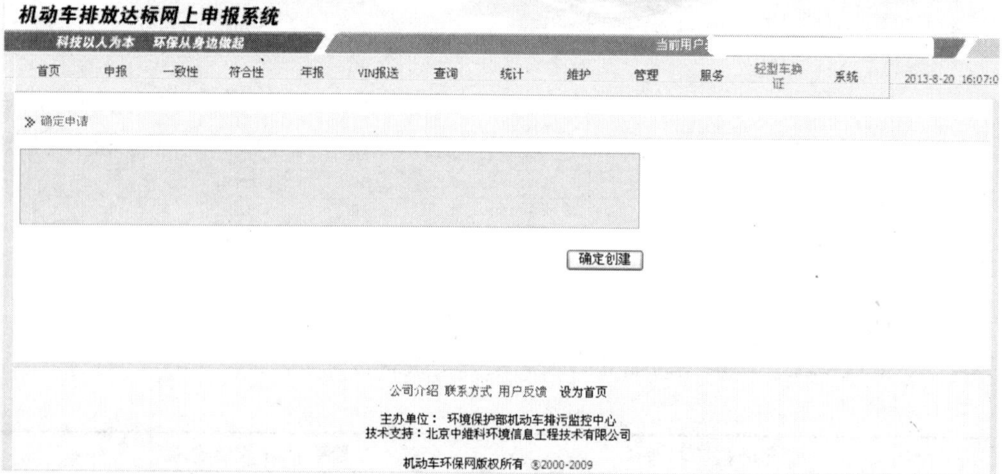

图 1-234

确认无误后，点击确定创建。系统提示成功创建申报表。

【注意事项】

创建申报表成功后，还需要创建并发送申报函才算完成申报工作。

二、创建申报函

点击申报中的 创建申报函，可以创建新的申报函。

1．点击 创建申报函（图 1-235）。

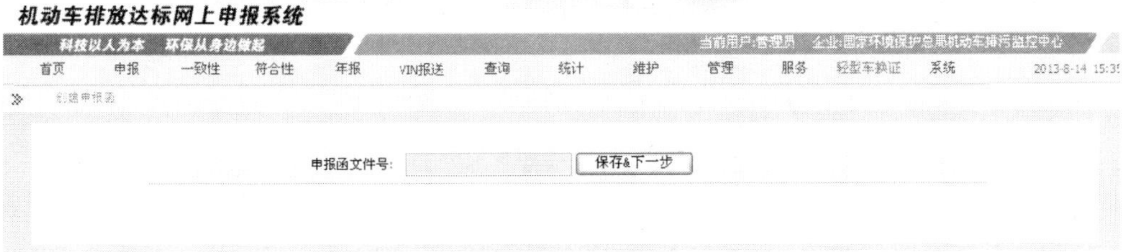

图 1-235

【注意事项】

（1）申报函文件号由用户自行定义。

（2）文字、字母、数字均可，但同一企业的申报函文件号不能重复。

（3）填写申报函号中，点击保存&下一步。

2．挑选申报表，系统会列出所有状态为无函状态的申报表（图 1-236）。

图 1-236

（1）选择需要的申报表，点击将申报表加入。

（2）选择完毕后，点击查看申报函明细，查看此申报函中所有对应的申报表（图 1-237）。

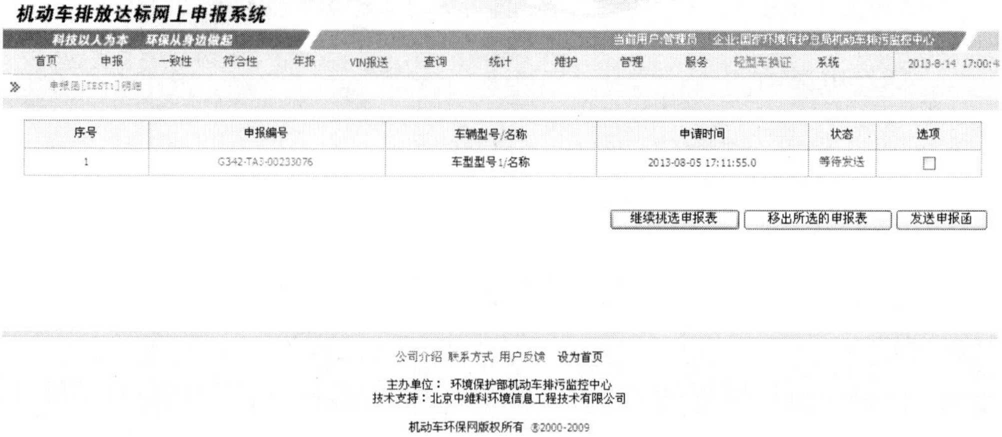

图 1-237

3．发送申报函。

确定申报函中所有对应的申报表没有问题后，点击发送申报函（图 1-238）。

图 1-238

系统提示发送成功，至此一次车型的申报完成。

【注意事项】

可以通过查看系统中的申报表状态确定申报是否被接受，如果状态为“已审核”则表示已通过申请；如果为“被打回”或者“等待”状态，可以点击查看审核结论。

第二章　非道路移动机械发动机申报系统操作说明

第一节　非道路移动机械申报系统概述

非道路移动机械发动机申报基本操作分为创建计划书及附录、计划书申请备案、创建申报表、创建申报函、发送申报函几部分。

一、基本要求和流程

用户必须先进行计划书附录的备案工作，机型在计划书备案后才可继续进行下一步的申报工作。

非道路移动机械发动机申报流程示意图（图 2-1）如下。

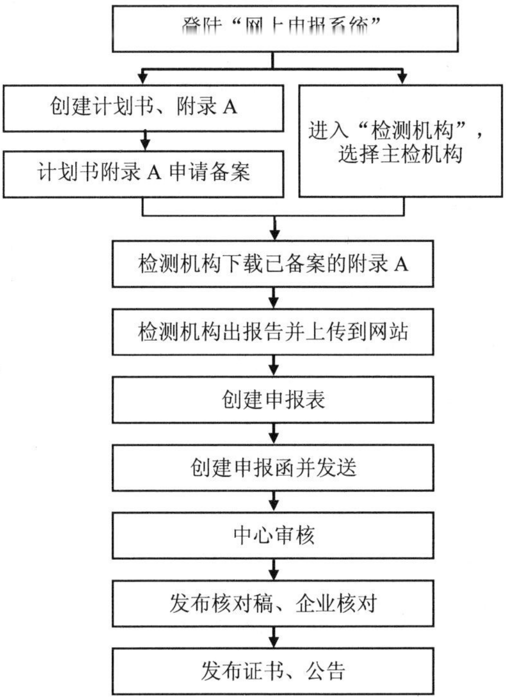

图 2-1

详细申报流程：

a）一致性计划书附录 A 备案；

b）检测机构下载附录；

c）检测机构出报告并上传；

d）企业进行型式核准申报；

e）审核办公室审核；

f）核对稿（企业核对并反馈）；

g）发布证书、公告。

二、登录系统

登录机动车环保网站之前，确认计算机已经连接到 Internet，如计算机无法连接，请解决问题后再使用本系统。

1．启动 IE，输入网址 http：//www.vecc-mep.org.cn 进入机动车环保网的主页（图 2-2）。

图 2-2

点击（如右侧图示）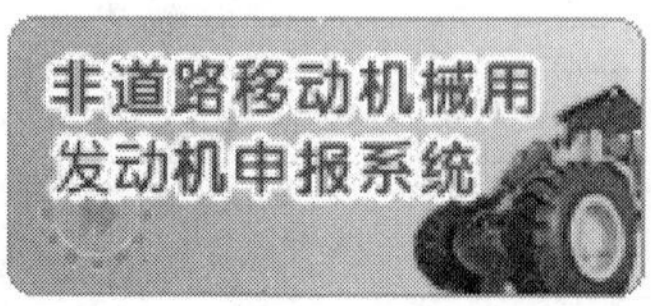

进入机动车排放达标网络申报系统的用户登录界面。

2．输入企业编号、用户名和密码，点击 登陆 按钮，进入申报系统（图 2-3）。

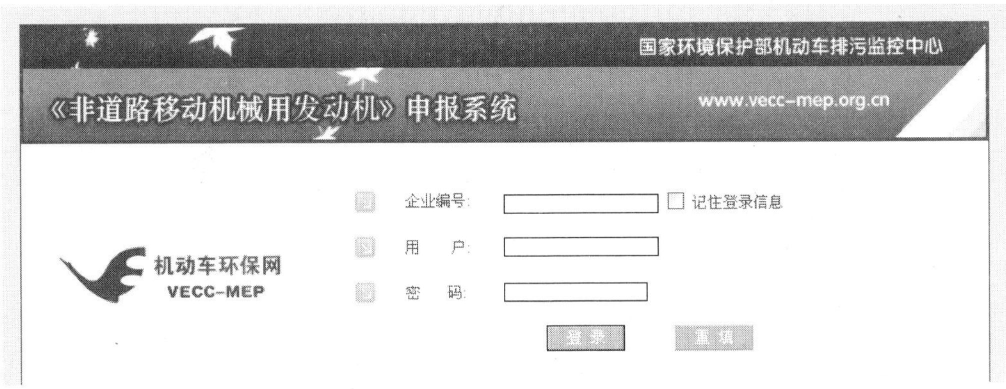

图 2-3

【注意事项】

（1）登录申报系统所需要的用户名和密码是由机动车环保网分配的初始用户名和密码，登录后请及时更改密码。企业编号不可更改、登陆后，可用系统管理员增加操作用户。

（2）企业编号即企业组织机构代码，此代码由质量技术监督局颁发的组织机构代码证获取。

（3）登录时可选中（□记住登录信息），再次登录时会自动显示企业编号以及用户名。

（4）登录页下方为相关申报的联系方式（图 2-4）。

申报审批问题请直拨技术支持电话： 010 84934896 010 84935030 （FAX） 010 84926554

申报操作问题请直拨技术支持电话： 010 84919360 010 84935072 （FAX） 010 84935071

如遇**缴费、发票**事宜请拨打： 010 84935072-605

如致电 **机动车环保网** 请拨打： 010-84935072 （FAX）010-84935071

图 2-4

三、新车网上申报系统主界面及功能介绍（图 2-5）

[申报] 按机型申报、按系族申报、创建申报函、申请变更。

[一致性] 创建计划书、计划书管理、商标管理、申请硫含量修改。

[符合性] 创建符合性报告、符合性报告管理、系族管理。

[年报] 年报管理。

[查询] 查询检验报告、查询申报表、查询申报函、查询计划书。

[维护] 个人信息、密码修改。

[管理] 企业资料、用户管理、检测机构。

[系统] 安全退出申报系统。

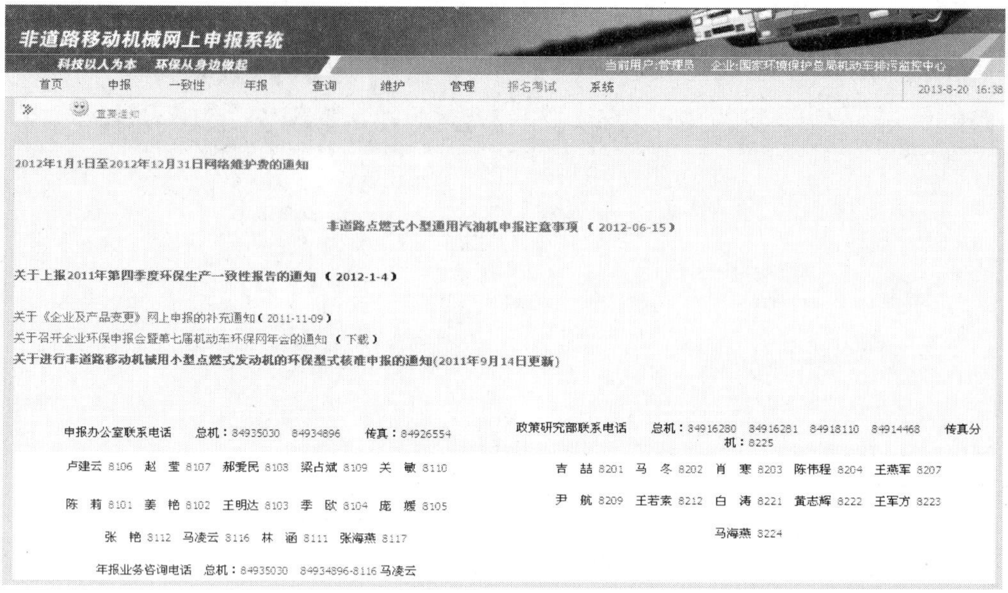

图 2-5

申报功能介绍：

（一）查询

查询包括了查询检验报告、查询申报表、查询申报函、查询计划书、查询年报（图 2-6）；

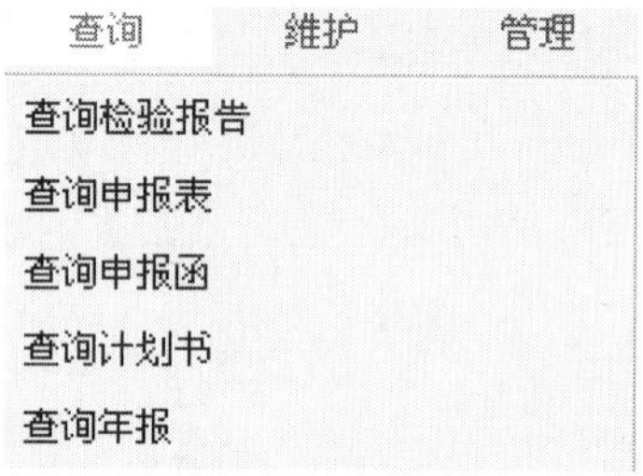

图 2-6

1．查询检验报告

创建申报表时，请先确认检测机构已经上传检验报告、并检查报告内容是否正确。点击 查询检验报告 菜单进入到搜索页面（图 2-7）。

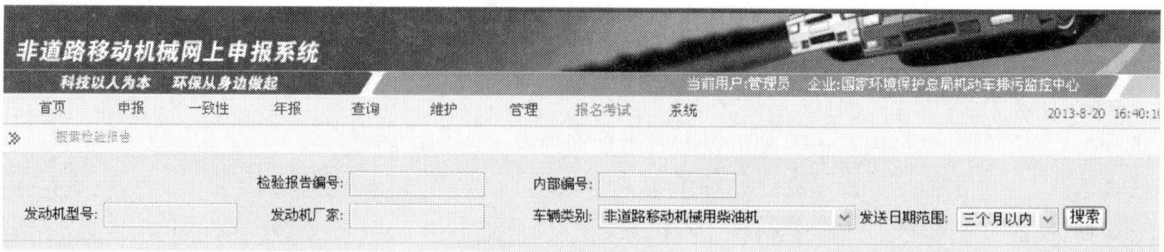

图 2-7

输入要查询条件，可以模糊输入，点击 搜索 按钮。系统会把符合条件的报告列到下方的列表中（图 2-8）。

图 2-8

列表中包括了检验报告编号，车辆型号名称，发动机型号生产厂，检测单位和发送日期。在列表下方有三个按钮：

删除检验报告　查看申报引用情况　查看报告引用附录

删除检验报告 选择检验报告后，删除对应的检验报告。

查看申报引用情况 查看选择的检验报告创建的申报表。如果要删除报告，或者检测机构要重新上传该报告时，可以查询该报告的申报表引用情况。。

查看报告引用附录 选择检验报告后，可以查询检验报告对应的附录 A。

2. 查询申报表

点击 查询申报表 菜单进入到搜索页面（图 2-9）。

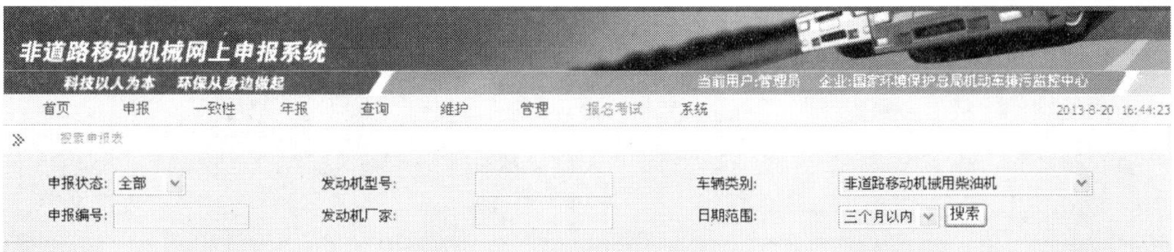

图 2-9

输入要查询条件，可以模糊输入，点击 搜索 按钮。系统会把符合条件的申报表列到下方的列表中（图 2-10）。

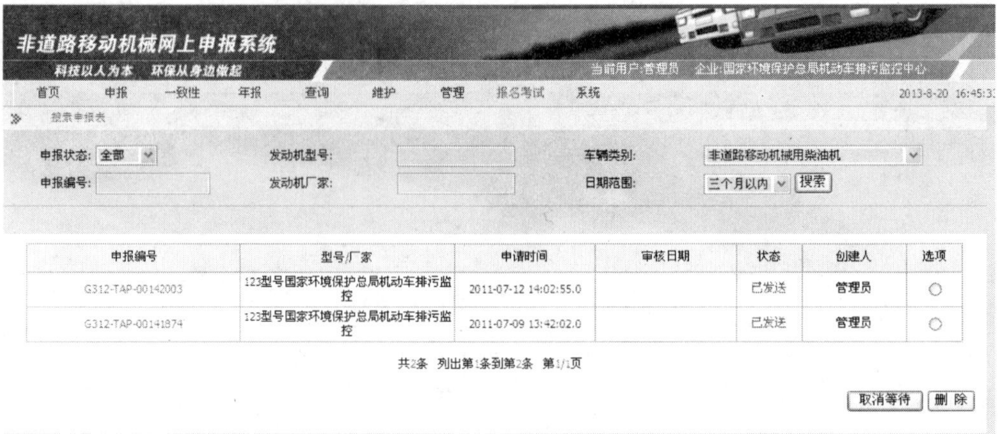

图 2-10

列表中包括了申报编号，车辆型号名称，发动机型号生产厂，申请时间，审核日期，状态及创建人。在列表下方有 2 个按钮：取消等待 删 除 。

取消等待 当申报表处于保留 状态时，可以使用该按钮重新选择检验报告生成申报表；取消等待的申报表不需要重新创建申报函发送。

删除 删除选择的申报表，只有申报表处于无函或被打回的状态才能被删除。

3. 查询申报函

点击 查询申报函 菜单进入到搜索页面（图 2-11）。

图 2-11

输入要查询申报函文件号，可以模糊输入，点击 搜索 按钮。系统会把符合条件的申报函列到下方的列表中（图 2-12）。

图 2-12

列表中包括了企业名称、申报函文件号、申请时间、状态及发送人。在列表下方有三个按钮：查看明细 发送申报函 删除申报函

查看明细 查看选择申报函包含的申报表。

发送申报函 发送选择的申报函。

删除申报函 删除选择的申报函，只有未发送的申报函才能被删除。

4. 查询计划书

点击 查询计划书 菜单进入到搜索页面（图 2-13）。

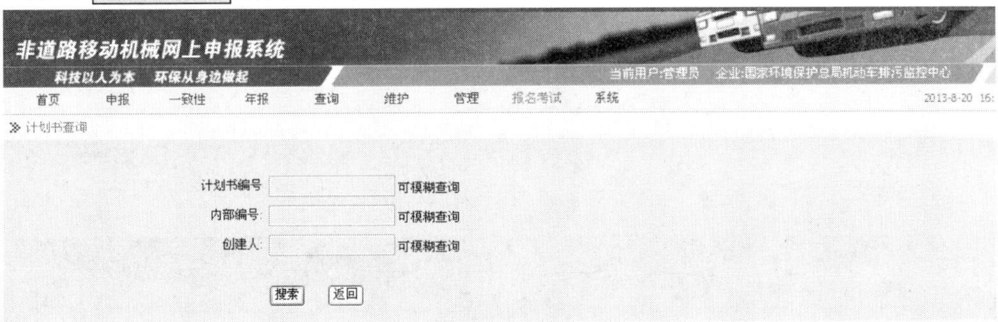

图 2-13

输入要查询的计划书编号或内部编号，点击 搜索 按钮。系统会把符合条件的计划书放置到列表中（图 2-14）。

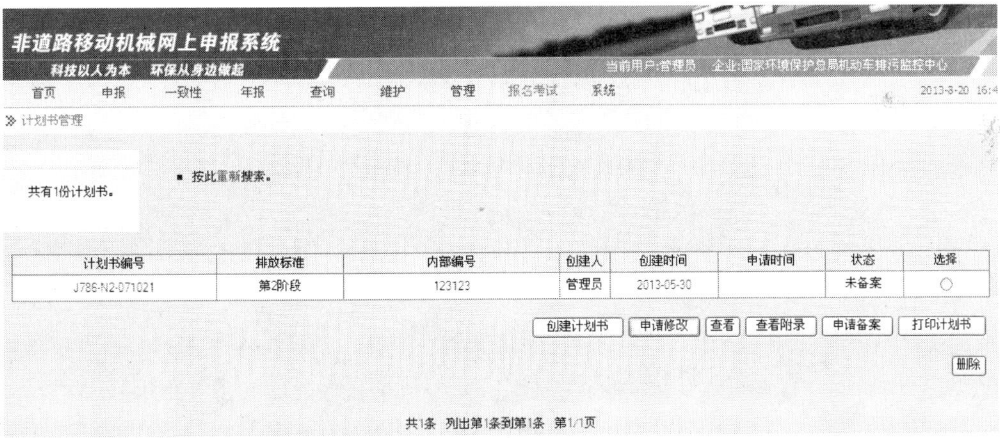

图 2-14

列表中列出来计划书编号，内部编号，创建人，创建时间，申请时间及状态；用上方的▪ **按此重新搜索。**可以重新进入搜索计划书的页面。在列表下方有相应的功能按钮：

创建计划书 创建一份新的计划书。

申请修改 修改或增补选择的计划书。

查看 查看选择的计划书。

查看附录 查看选择的计划书的附录信息。

申请备案 对选择的计划书及附录 A 提出备案申请。

打印计划书 打印选择的计划书信息。

删除 删除选择的计划书及它包含的附录 A：① 只有计划书及它所有的附录 A 都处于未备案或被打回的状态才可以被删除；② 如果附录 A 被改装车厂使用，不能被删除；③ 出具检验报告的附录 A 不能被删除。

（二）维护

维护包括个人信息、密码修改。

1．个人信息

点击 个人信息 菜单进入查看个人信息的页面（图 2-15）。

证书号	有效期	是否有效
摩托车T13000101363	2013-09-28	有效
轻型108100000033	2015-01-05	有效
重型108100000033	2015-07-30	有效
发动机108100000033	2015-01-05	有效
非道路T130000N1362	2013-09-28	有效

图 2-15

可以查看和修改个人的信息及申报操作证书信息。

获得资格证书后，请输入姓名和身份证编号点 保存 按钮绑定证书信息，如保存后无证书信息显示，请联系技术支持。

2. 密码修改

点击 密码修改 菜单进入修改密码页面（图 2-16）。

按要求输入新旧密码，点击 保存 按钮。

图 2-16

（三）管理

管理包括企业资料、用户管理、检测机构。

1 .企业资料

点击 企业资料 菜单进入查看企业信息的页面。

用户可查看登记在系统中的企业信息资料，确保准确、完整、真实。

初次登录使用系统的用户需确认企业所属类别，用户根据实际情况选择相应的类别（图 2-17）。

图 2-17

【注意事项】

（1）如企业资料需要更新，将更新内容传真至网站并通知检验机构更新系统中的企业资料。

（2）检测机构出具的检验报告中，用户信息是从系统中自动提取。为避免检验报告中企业资料有误请务必通知检测机构及时更新。

（3）用户不可自行更新企业名称、企业地址和法定代表人，需申请变更后联系网站进行修改。

（4）只有管理员有权限修改企业资料信息。

（5）登录后需选择企业类别后才可进行申报。

2. 用户管理

对于每个企业，系统默认一个拥有全部权限的系统管理员用户，即申请开通时所分配的 Admin 用户。

点击用户管理菜单，进入用户管理页面，可以查看操作人员列表（图 2-18）。

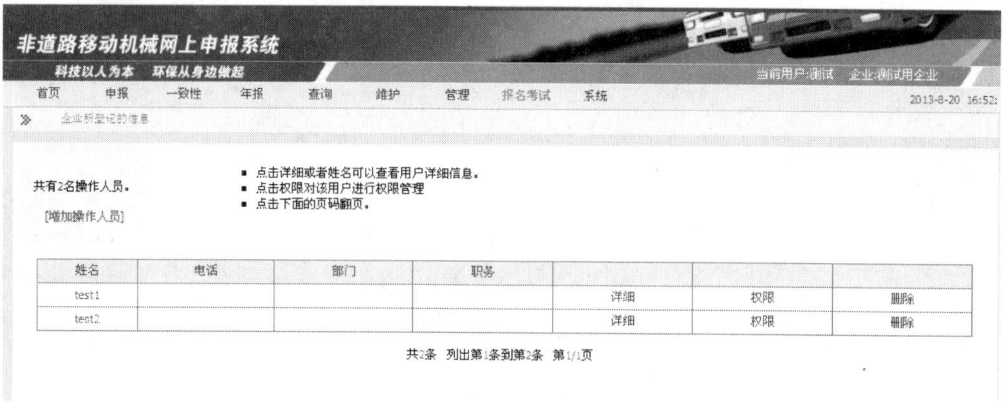

图 2-18

（1）新增操作用户。如需要增加多个申报操作人员，可点击 增加操作人员，进入增加用户的界面（图 2-19）。

图 2-19

按提示逐一填写用户名、密码、EMAIL、电话等信息后，点击 确定 保存。

管理员在创建用户后不能再修改用户的相关信息。

(2)查看用户。在用户列表页面中点击 详细 可查看该用户的具体信息情况(图 2-20)。

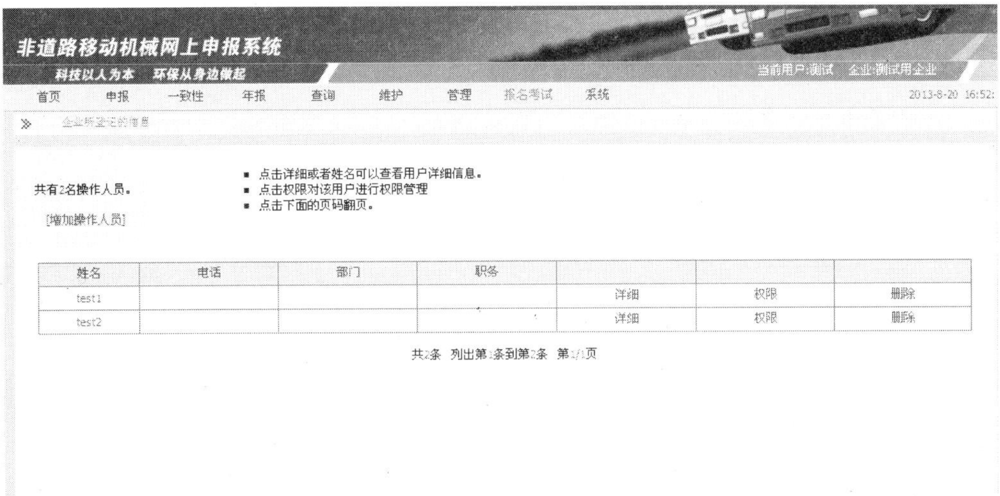

图 2-20

(3) 删除用户。在用户列表页面点击删除，系统提示确认（图 2-21）。

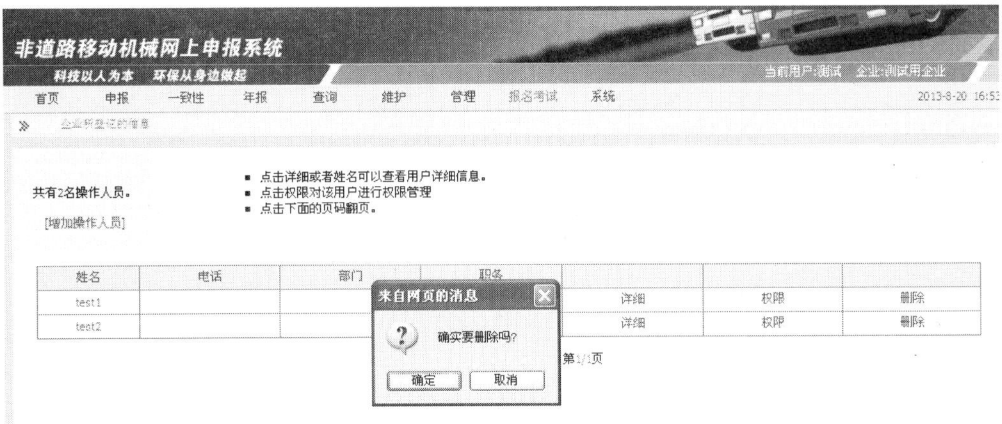

图 2-21

【注意事项】

(1) 只有系统管理员可以进行用户管理。

(2) 在增加用户时，应同时为该用户分配权限，具体如何分配以及权限说明见后。

（4）权限管理。在用户列表页面点击权限，可以查看该用户拥有的权限（图 2-22）。

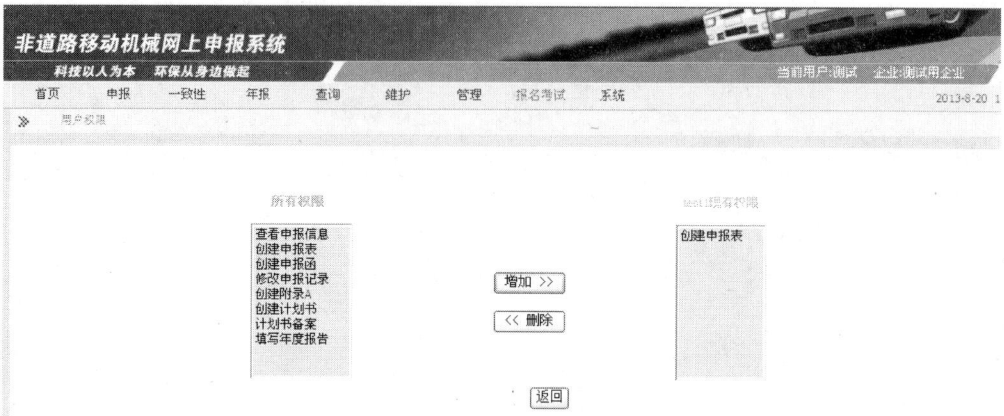

图 2-22

网上申报系统权限划分如下：

	说明
查看申报信息	查看详细申报表、申报函及检验报告
创建申报表	创建申报表申报函
创建申报函	发送申报表
修改申报记录	修改其他用户所做的申报表和申报函
创建附录 A	创建附录 A
创建计划书	创建计划书
计划书备案	计划书申请备案
填写年度报告	填写年度报告
Vin 报送	报送 vin 信息

选中要增加的权限，点击增加>>。反之选中右侧要删除的权限，点击<<删除，可撤销该权限。

【注意事项】

（1）新增加的用户默认无任何权限。

（2）除系统管理员外的其他用户不能同时拥有“新车申报权限”和“vin 报送权限”。

3. 检测机构

系统列出所有有资质的检测机构信息，企业需要选择自己的主检机构，给他们添加权限。

点 检测机构 菜单进入选择检测单位的页面（图 2-23）。

企业选择自己的主检单位后，点列表下方的 确定修改 按钮保存。如果有多个主检单位，可以逐个选择后保存。

如果没有给检测机构添加权限，那么检测机构不能下载附录，也不能出具检验报告。

	检测单位	地址	联系电话	EMAIL	下载
1	国家摩托车质量监督检验中心(天津)	天津市南开区卫津路92号天津大学内	022-27404944	nmtctj@tju.edu.cn	□
2	机动车环保网(测试)				□
3	北京理工大学汽车排放质量监督检验中心	北京市海淀区中关村南大街5号北京理工大学3系汽车排放质量监督检验中心	010-68912035	gys88@bit.edu.cn	□
4	北京汽车研究所有限公司实验中心	北京市丰台区方庄南路9号院	67629678	bjzjs@vip.163.com	□
5	国家汽车质量监督检验中心(长春)	长春市创业大街1063号	0431-85788311	jczx_qy@faw.com.cn jyqjd_qy@faw.com.cn	□
6	泛亚汽车技术中心有限公司实验室	上海浦东新区龙东大道3999号	021-28919067/021-28919062	yuqin_gu@patac.com.cn yuxiao_li@patac.com.cn	□
7	国家轿车质量监督检验中心	天津市河东区程林庄道天山南路10号信箱	022-84771805/6	tatc@catarc.ac.cn	□
8	国家内燃机质量监督检验中心(上海机械工业内燃机检测所)	上海市军工路2500号	021-65741418	jianceb@126.com	□
9	国家农机具质量监督检验中心	北京市德胜门外北沙滩一号	010-64883329 64882637	txs@caams.org.cn	□
10	国家汽车质量监督检验中心（襄阳）	湖北省襄阳市高新区汽车试验场	0710-3392492 3393243	wwr@mail.nast.com.cn; yxs@mail.nast.com.cn	□
11	国家拖拉机质量监督检验中心	河南省洛阳市涧西区西苑路39号	0379-62690116	lywuqi@163.com	□

图 2-23

第二节 非道路环保生产一致性保证体系申报操作流程及说明

非道路移动机械用发动机一致性申报包括：商标管理、创建计划书附录 A、计划书附录申请备案、修改或增补计划书附录 A。

一、商标管理

点击 一致性 菜单中的 商标管理，进入商标管理界面（图 2-24）。

图 2-24

输入商标，点 提交 按钮，即可保存新的商标。通过列表中的 修改 可以直接修改已经增加的商标信息。

* 注：如果在填写附录 A 时，没有可选的商标，请到 商标管理 维护以后再进入附录选择。

二、创建计划书附录 A

（一）创建计划书

登录机动车排放达标网上申报系统，点击一致性 菜单中的创建计划书。

1．点击 创建计划书开始创建，进入选择车辆类别界面（图 2-25）。

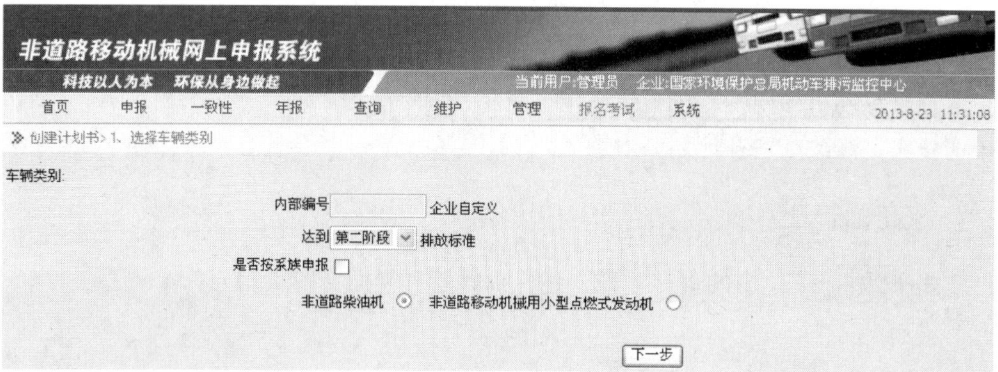

图 2-25

【注意事项】

（1）根据选择阶段不同，填写的资料格式也是不同的，选择后不能修改。

（2）内部编号为用户自定义的编号，一个计划书只对应一个内部编号且内部编号不能修改。

（3）选择车型类别后，点击下一步按钮。

2．填写系族名称，选择执行的国家标准，填写企业标准（如多个请用逗号隔开）（图 2-26）。

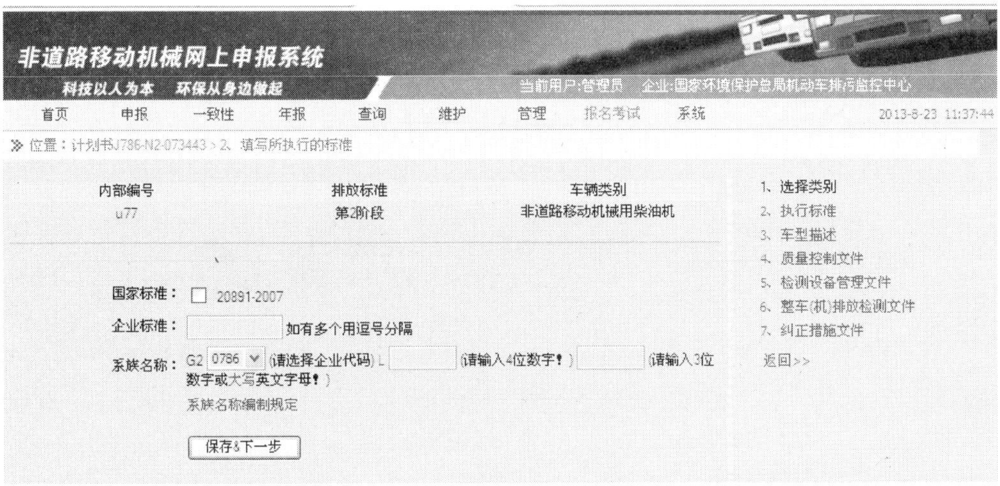

图 2-26

点击保存&下一步。

【注意事项】

◇ 同一个系族的发动机必须放在同一个计划书内。

3．进入车型描述页面。

每一系列车型需要填写一个车型描述，称为附录 A（具体内容要求参考相关标准）。显示所有的附录 A 列表（图 2-27）。

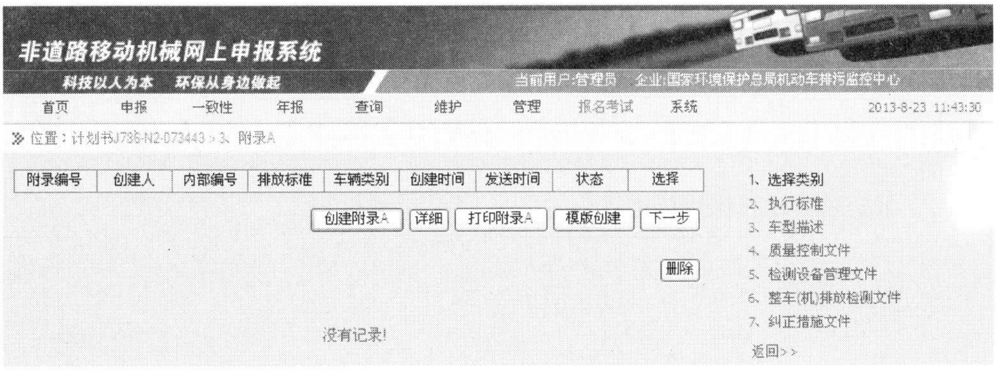

图 2-27

（二）创建附录 A

1．附录 A 相关说明

（1）附录填写说明

◇ 具体项目含义请参考相关标准和文件。

◇ 如果要修改或删除，点击对应行后的修改\删除执行操作。

◇ 保存 按钮：保存当前已经填好的信息。

◇ 新增 按钮： 表示对应的项目可以增加多个。增加完成后，对应的项目上方会出现一行相应的信息。可以使用后面的 “修改”显示信息然后查看或修改内容（图 2-28）。

图 2-28

（2）附录图片上传说明

◇ 点击 上传图片 按钮；

◇ 在新窗口中点击 浏览... 按钮，选择要上传的图片，点击 上传 按钮上传图片；

◇ 成功后自动返回上一页。

【注意事项】

A. 图片上传成功后，会有缩略图显示到网页上；

B. 系统要求图片格式为 JPG 类型，大小限制：512 kB，图片尺寸建议分为：

尺寸	640×480	1024×768
类别名称	照片类	示意图纸类

2. 创建附录 A

例一：非道路移动机械用柴油机

点击创建附录 A，进入附录界面（图 2-29）。

图 2-29

（1）填写概况，填写完成后点击 保存 按钮保存（图 2-30）。

图 2-30

（2）填写冷却系统。

根据冷却方式不同，要求填写的信息也不同。

选择液冷（图 2-31）

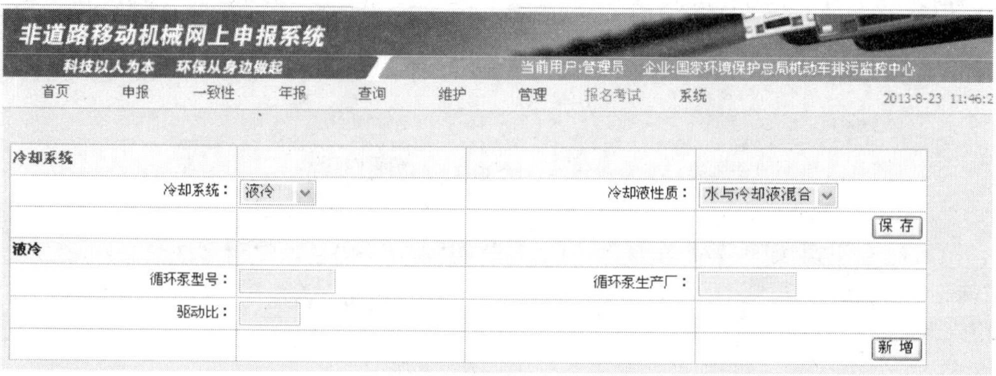

图 2-31

选择风冷（图 2-32）

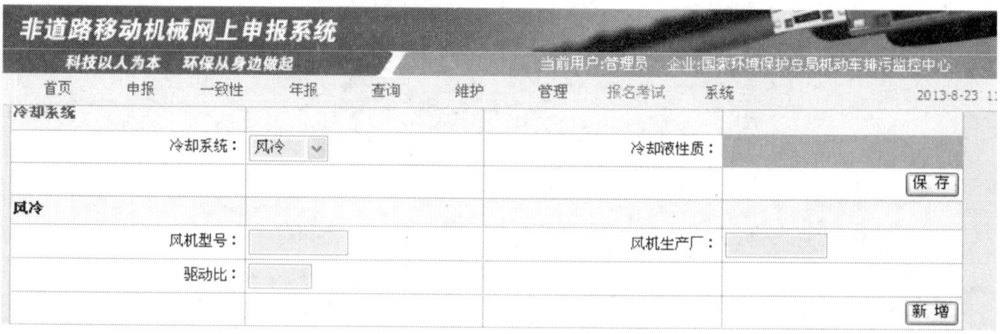

图 2-32

（3）填写制造厂允许温度（图 2-33）。

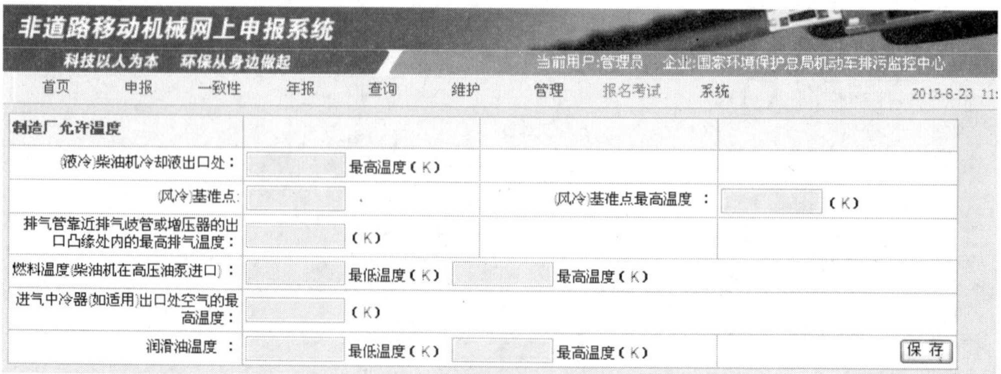

图 2-33

（4）填写进气系统（图 2-34）。

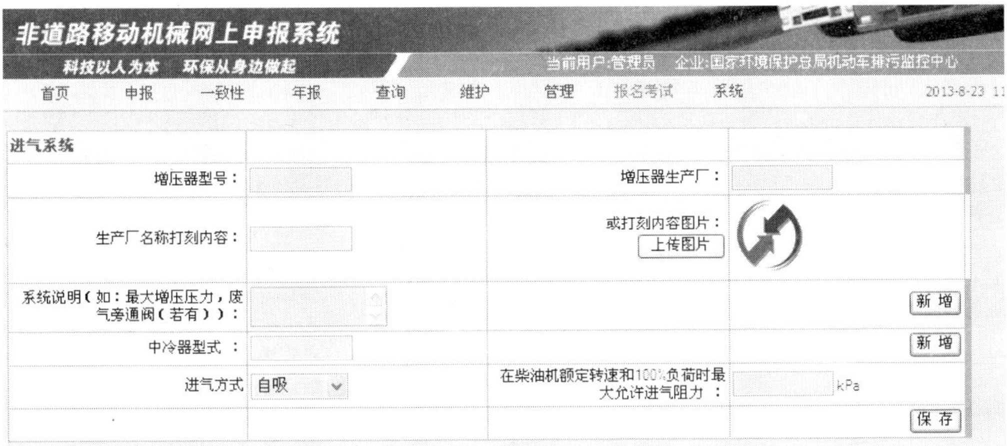

图 2-34

（5）填写防止空气污染的装置（图 2-35）。

图 2-35

（6）填写燃料供给（图 2-36）。

图 2-36

（7）填写气门正时（图 2-37）。

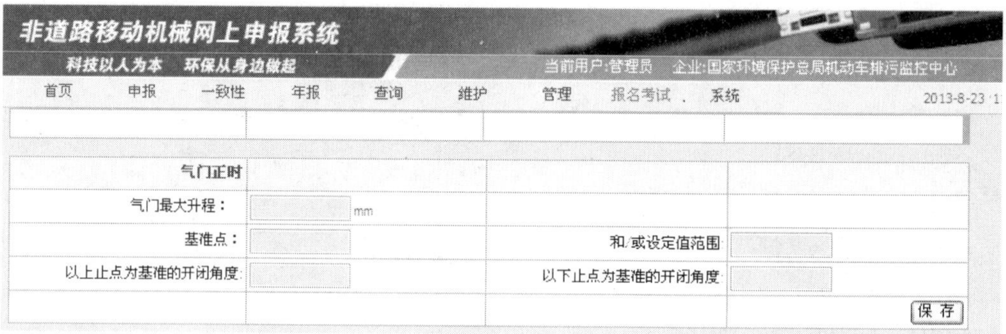

图 2-37

（8）填写排气系统、吸收功率（图 2-38）。

图 2-38

全部填写完毕后，点击返回。

例二：非道路移动机械用小型点燃式发动机

点击创建附录A，进入附录界面（图 2-39）。

图 2-39

（1）填写概况，填写完成后点击 保存 按钮保存（图 2-40）。

图 2-40

（2）填写冷却系统。根据冷却方式不同，要求填写的信息也不同。

选择液冷（图 2-41）

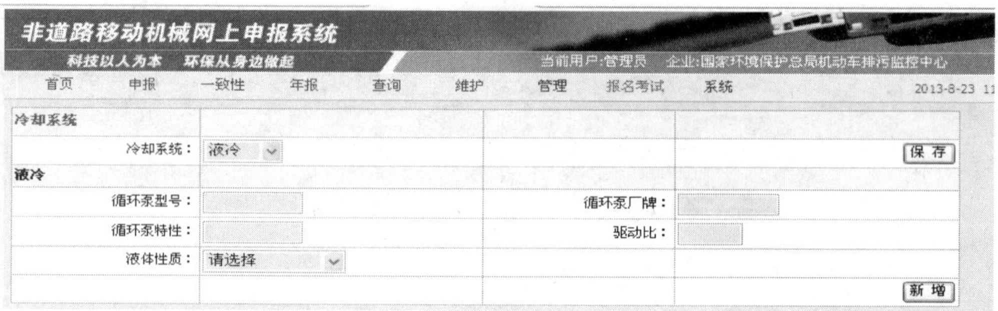

图 2-41

选择风冷（图 2-42）

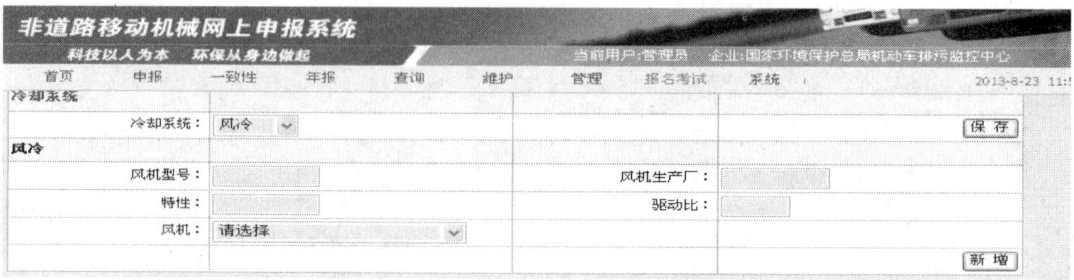

图 2-42

（3）填写生产厂允许温度（图 2-43）。

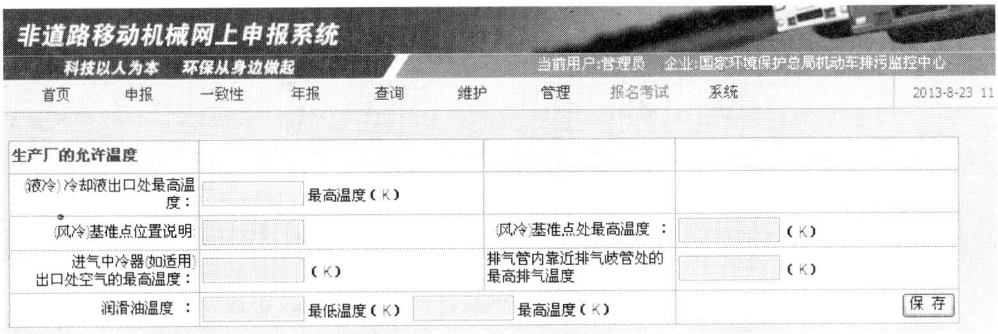
非道路移动机械网上申报系统
科技以人为本 环保从身边做起
当前用户:管理员 企业:国家环境保护总局机动车排污监控中心
首页 申报 一致性 年报 查询 维护 管理 报名考试 系统 2013-8-23 11

生产厂的允许温度			
(液冷)冷却液出口处最高温度：	最高温度（K）		
(风冷)基准点位置说明：		(风冷)基准点处最高温度 ：	（K）
进气中冷器(如适用)出口处空气的最高温度：	（K）	排气管内靠近排气歧管处的最高排气温度	（K）
润滑油温度 ：	最低温度（K） 最高温度（K）		保 存

图 2-43

（4）填写增压器、中冷器、进气系统、排气系统（图 2-44）。

非道路移动机械网上申报系统
科技以人为本 环保从身边做起
当前用户:管理员 企业:国家环境保护总局机动车排污监控中心
首页 申报 一致性 年报 查询 维护 管理 报名考试 系统 2013-8-23 11

增压器			
型号：		生产厂：	
			新 增

中冷器			
型式：			
			新 增

进气系统		
进气方式：		
发动机额定转速及100% 负荷下所允许的进气系统最大压力：	kPa（必填项，是试验室排放试验时所采用的数据，根据GB26133-2010 B2.2& B2.3 其进气阻力和排气背压应在制造企业规定的上限值的110%之内，不可随意更改，请申报人员慎填填写）	保 存

排气系统		
发动机额定转速及100% 负荷下所允许的排气系统最大背压：	kPa（必填项，是试验室排放试验时所采用的数据，根据GB26133-2010 B2.2& B2.3 其进气阻力和排气背压应在制造企业规定的上限值的110%之内，不可随意更改，请申报人员慎填填写）	保 存

图 2-44

（5）填写催化转化器（图 2-45）。

图 2-45

（6）填写氧传感器、空气喷射、其他系统（图 2-46）。

图 2-46

（7）填写燃料供给、化油器（图 2-47）。

图 2-47

（8）填写电喷、ECU、喷射器、供油泵（图 2-48）。

图 2-48

（9）填写空气滤清器、消声器、废气再循环（图 2-49）。

图 2-49

（10）填写气门正时、气口配置（图 2-50）。

图 2-50

（11）填写点火系统（图 2-51）。

图 2-51

全部填写完毕后，点击返回。

看到创建的附录列表，点击下一步（图 2-52）。

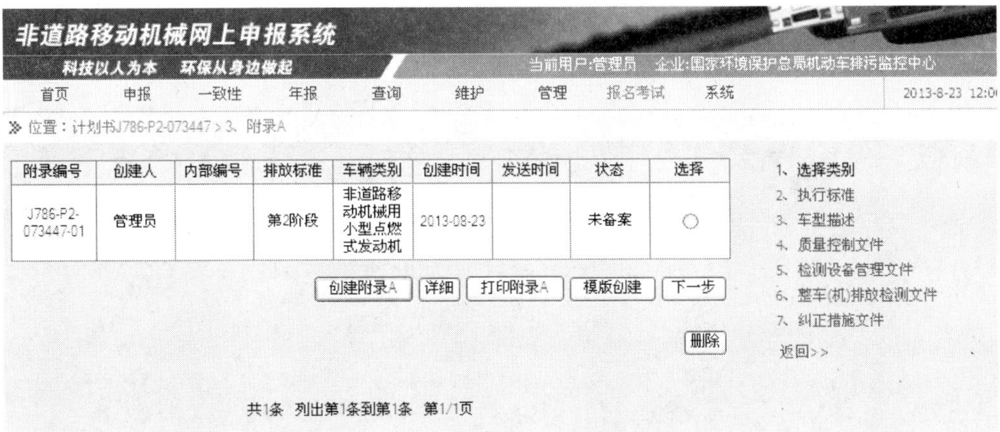

图 2-52

（三）填写计划书文件

1．填写质量控制文件，按要求填写文件号名称（图 2-53）。

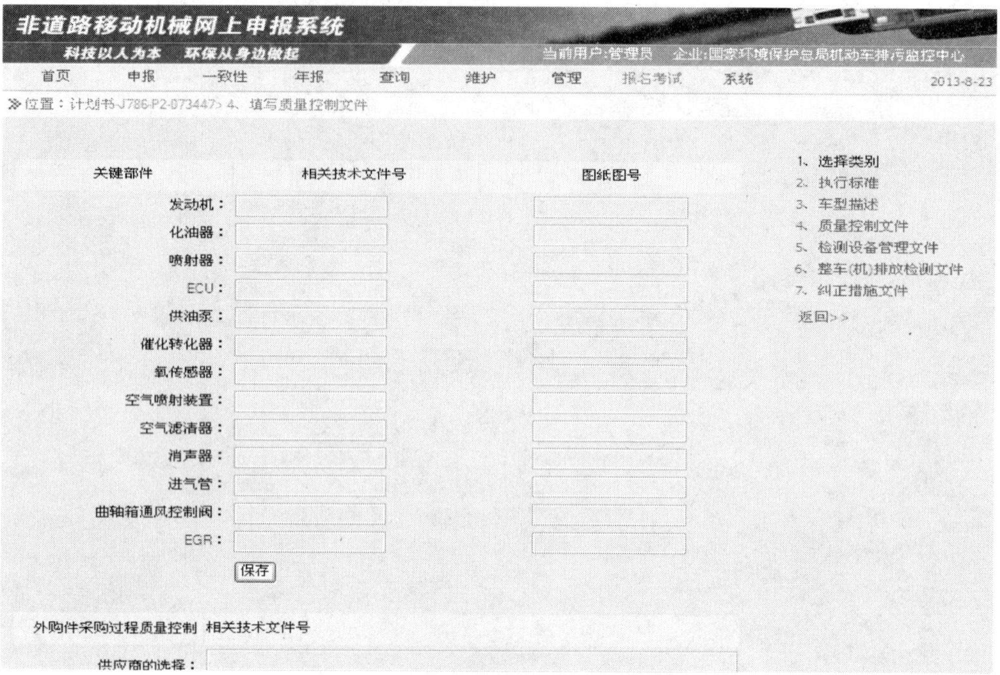

图 2-53

2．填写检验设备控制文件，填写完成后点击保存&下一步（图 2-54）。

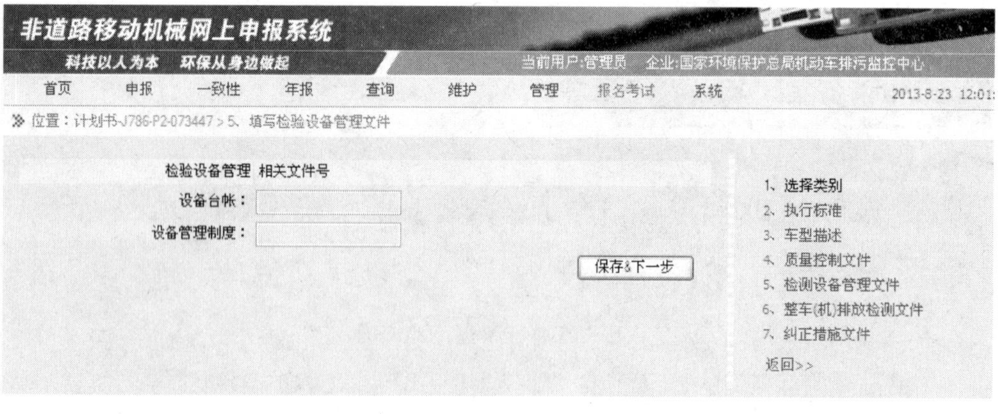

图 2-54

3．填写整车排放检验管理文件，填写完成后点击保存&下一步（图 2-55）。

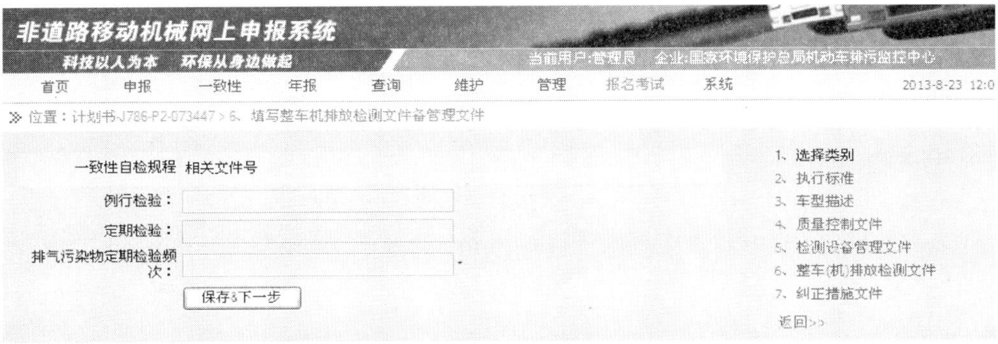

图 2-55

4．纠正措施文件，填写完成后点击保存。返回计划书列表页面（图 2-56）。

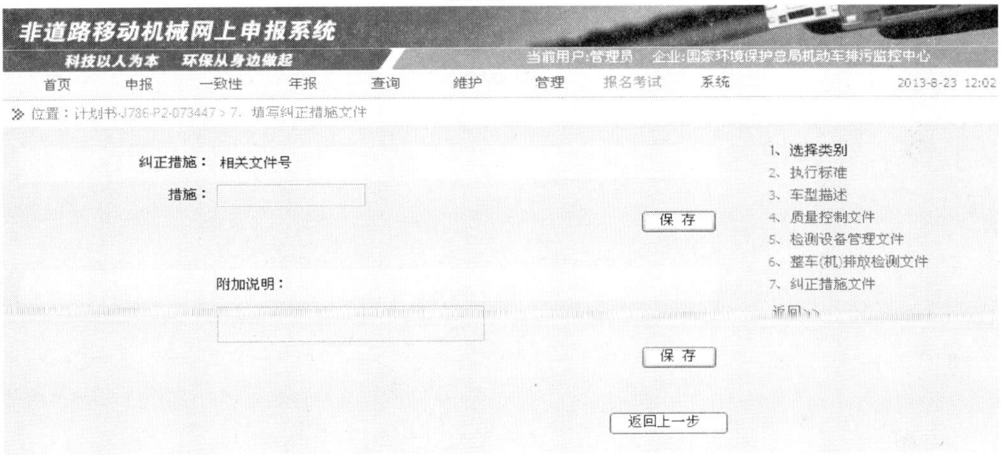

图 2-56

三、申请备案

点击一致性菜单中的计划书管理，进入计划书管理搜索页面（图 2-57）。

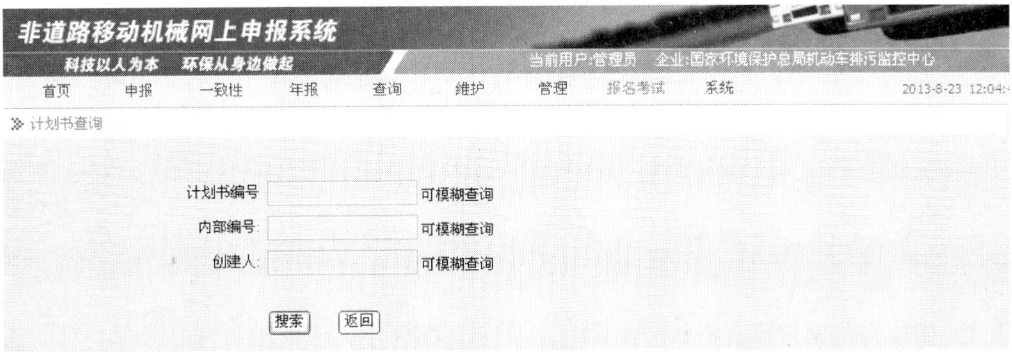

图 2-57

输入查询条件后点击 搜索 按钮，系统会把符合条件的计划书显示到列表中（图2-58）。

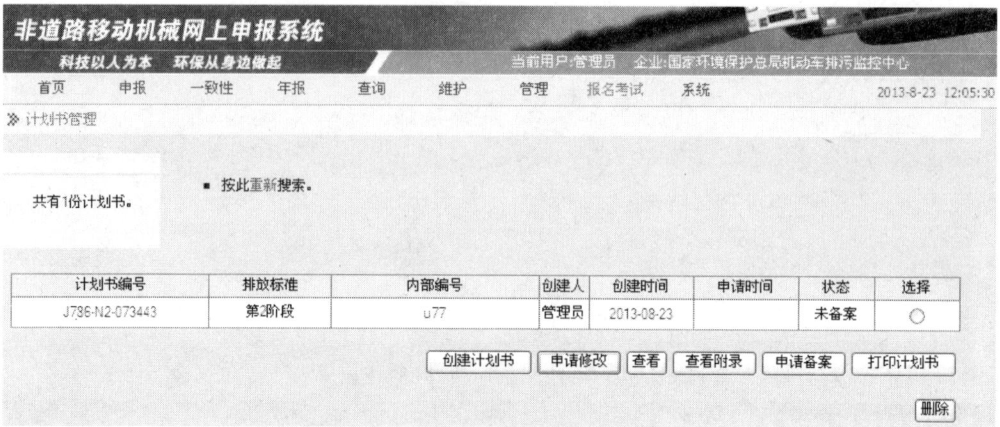

图 2-58

选择要备案的计划书点击申请备案。按提示选择相应的计划书和附录进行申请。

【注意事项】

计划书和附录是可以单独申请，并且审核也是可以单独进行处理的。

点击确定，返回后可看到计划书变为申请中。

四、修改和增补计划书

点击 一致性 菜单中的计划书管理，进入计划书管理搜索页面（图2-59）。

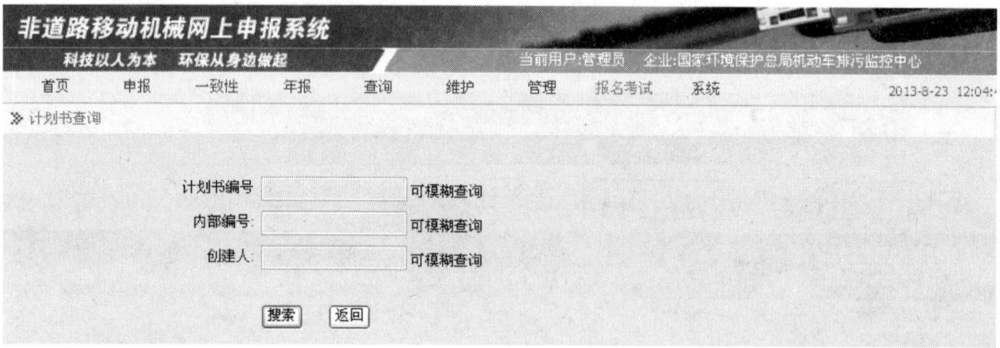

图 2-59

输入查询条件后点击 搜索 按钮，系统会把符合条件的计划书显示到列表中（图2-60）。

◇ 如果未备案，可选择相应的计划书，点击查看或申请修改直接进入详细页面，自由修改。

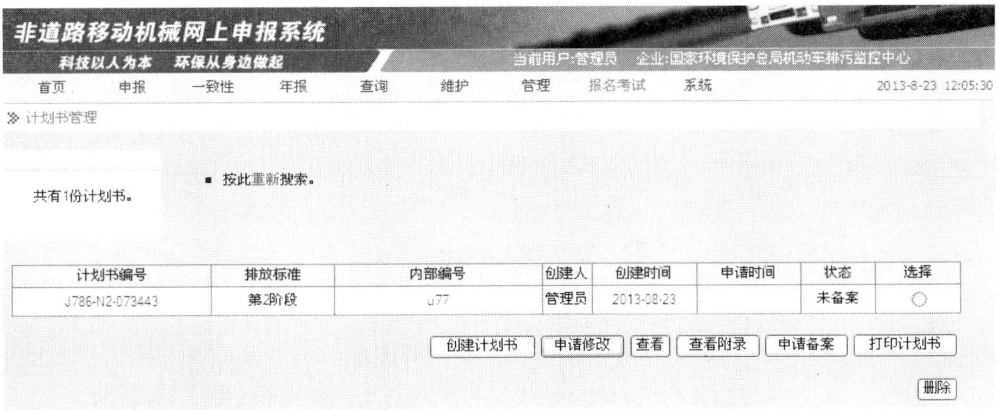

图 2-60

◇ 如果申请中，则需选中相应的计划书，点击申请修改（图 2-61）。

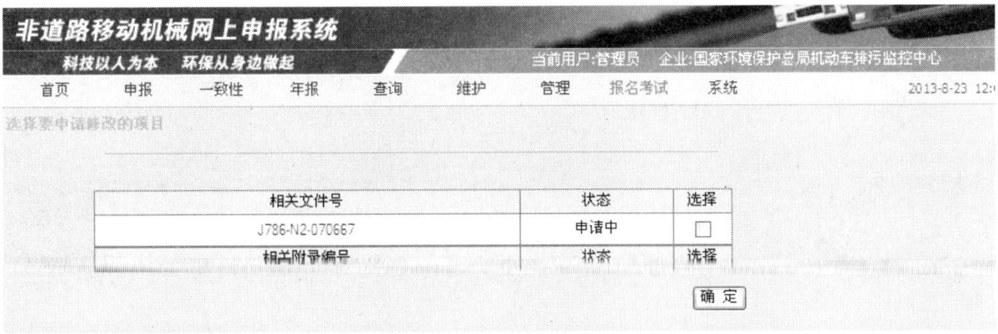

图 2-61

选择要修改的计划书或者附录，点击确定（图 2-62）。

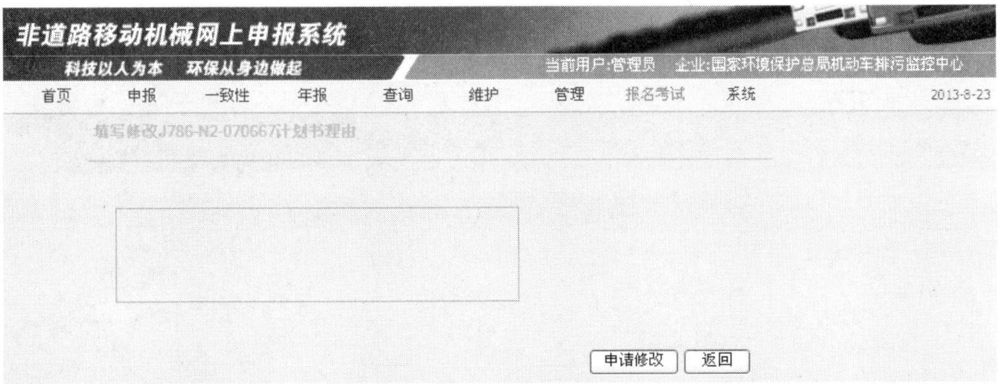

图 2-62

按提示输入理由后，点击申请修改。

五、相关说明

编号说明：

★ 计划书编号格式例子：J123-32-000027

格式说明：厂家编号-车辆类别阶段-序号

★ 附录 A 编号格式例子：J123-32-000027-00

格式说明：计划书号-序号

第三节 非道路移动机械用发动机型式核准申报操作说明

非道路移动机械用发动机型式核准申报操作包括：创建申报表、创建申报函、发送申报函。

一、创建申报表

（一）按机型申报

第一步：点击 申报 菜单中的按机型申报，进入搜索界面（图 2-63）。

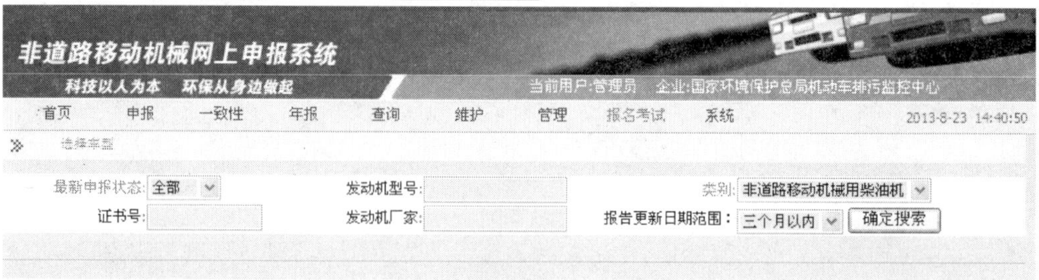

图 2-63

第二步：输入要搜索的机型，点击“确定搜索”（图 2-64）。

图 2-64

【注意事项】

（1）发动机型号及生产企业信息均从检验报告信息中提取，如发现信息有误请与检测机构联系。

（2）如申报机型被打回，请进行搜索。

（3）如搜索不到机型，可尝试减少搜索条件或减少关键字。

（4）如搜索不到机型请确认该机型是否有检验报告或检验报告所填写的机型名称是否正确。

第三步：选中需做申报表的机型，点击下一步，进入选择排放阶段，是否进口的界面（图 2-65）。

图 2-65

第四步：选择排放阶段和是否进口后，点击 保存&下一步 进入报告挑选界面（图 2-66）。

图 2-66

第五步：确定配置，选择需要检验报告后点击 保存&下一步 挑选配置（图 2-67）。

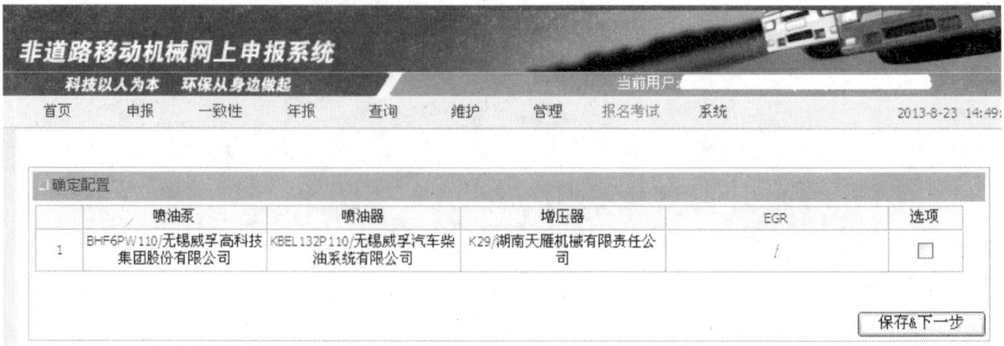

图 2-67

第六步：确定申报表，挑选配置后点击 保存&下一步，输入备注信息，确定创建申报表（图 2-68）。

图 2-68

确定无误后，点击 创建申报表 后显示机型申报表成功。

点击 返回主页面，查看新做的申报表，且申报表状态显示为无函状态。

【注意事项】

（1）申报表创建成功后已存在于系统中。如在未正式创建成功前已无法连接网络的需重新做申报表。

（2）状态处显示申报表的申报情况。

（3）完成创建申报表后，需继续完成创建申报函工作。

（二）按系型申报

第一步：点击 申报 菜单中的 按系族申报，进入搜索界面（图 2-69）。

图 2-69

第二步：输入要搜索的系族名称，点击“确定”（图 2-70）。

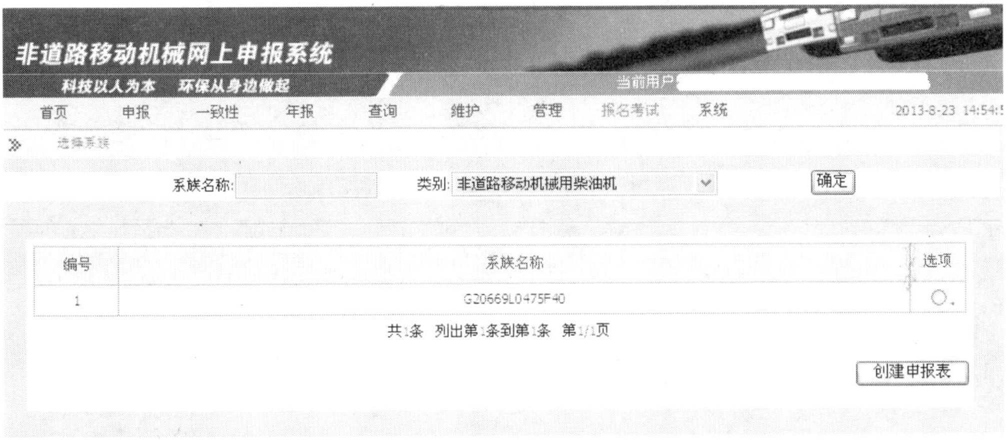

图 2-70

【注意事项】

（1）系族名称是从检验报告信息中提取，如发现信息有误请与检测机构联系。

（2）如申报机型或系族被打回，请进行搜索。

（3）如搜索不到机型或系族，可尝试减少搜索条件或减少关键字。

（4）如搜索不到机型请确认该机型是否有检验报告或检验报告所填写的机型名称是否正确。

第三步：选中需做申报表的系族名称，点击创建申报表，进入选择排放阶段，是否进口的界面（图 2-71）。

图 2-71

第四步：选择排放阶段和是否进口后，点击 保存&下一步 进入系族机型报告挑选界面（图 2-72）。

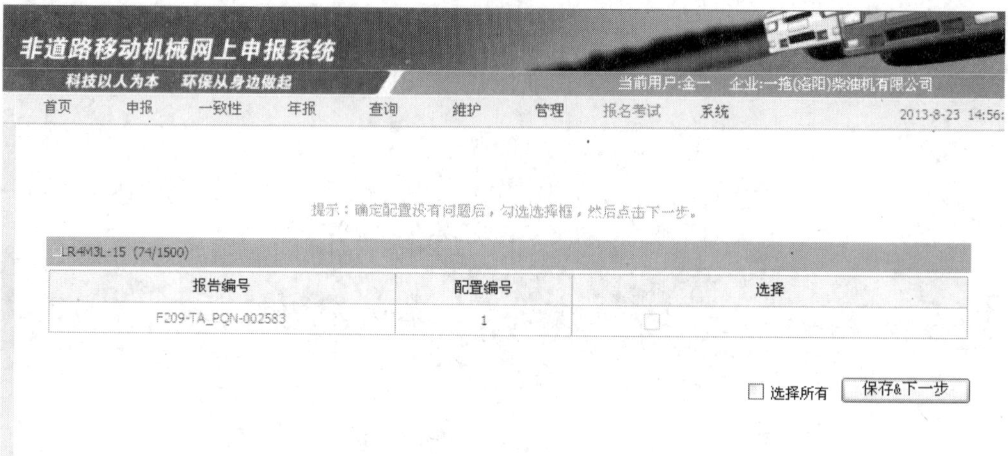

图 2-72

【注意事项】

机型报告没有被申报表引用，或者被引用的申报表已经被打回才能被选择。

第五步：确定申报表，挑选检验报告后点击 保存&下一步，输入备注信息，确定创建申报表（图 2-73）。

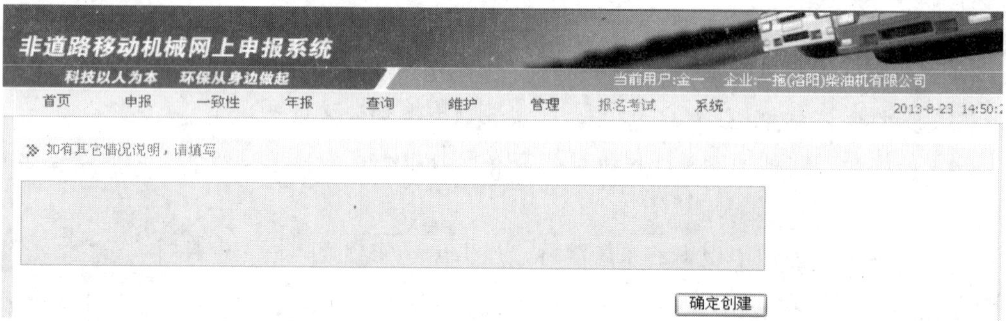

图 2-73

【注意事项】

（1）按系族申报不需要确认配置，直接确认创建申报表。

（2）确定无误后，点击确定创建。

（3）完成创建申报表后，需继续完成创建申报函工作。

二、创建申报函

点击申报菜单中的创建申报函，填写自定义的申报函文件号（同一企业的申报函文件号不能重复）（图 2-74）。

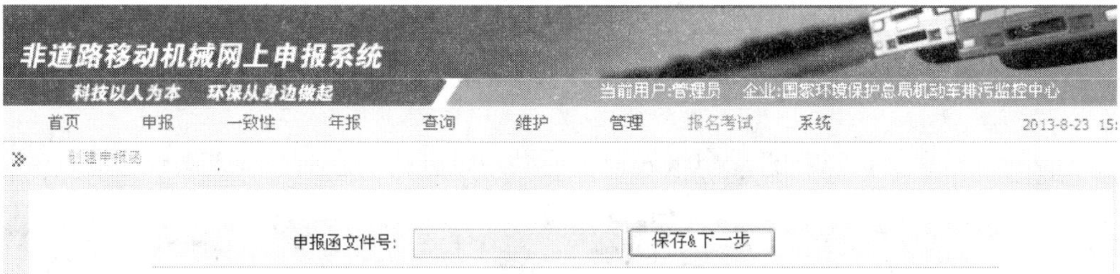

图 2-74

自定义文件号后，点击保存&下一步进入状态为无函的申报表页面（图 2-75）。

图 2-75

选择要加入的申报表，点击将申报表加入，将选定的申报表加入到申报函。选择完成后点击查看申报函明细（图 2-76）。

图 2-76

【注意事项】

（1）如果挑选的申报表有误，可以点击 移出所选的申报表;

（2）一个申报函可以包含多个申报表，不需要一个申报表对应一个申报函。

确认无误后，点击 发送申报函 按钮发送。

返回主界面可以发现申报表状态已变为已发送。

三、查看审核结果

申报表审核后，可以在查询申报表中可看到申报表的状态（图 2-77）。

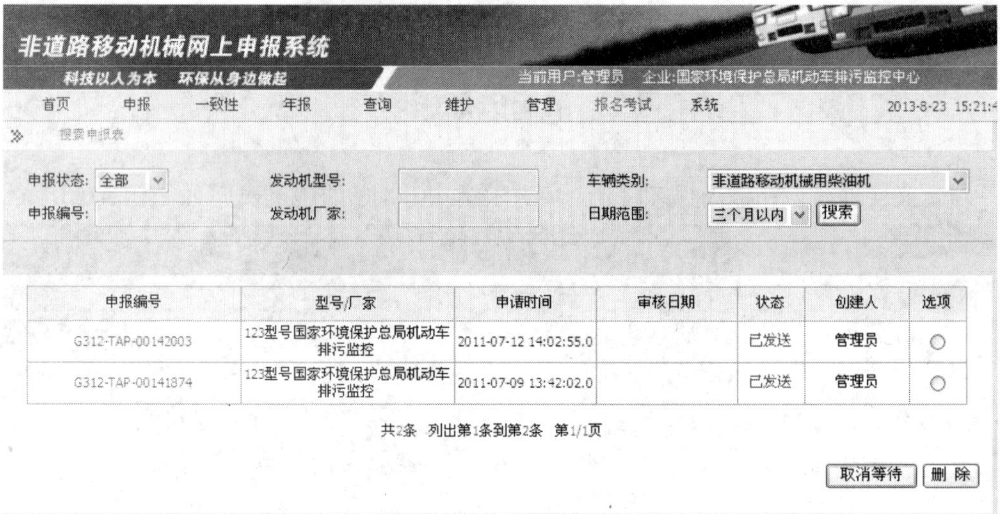

图 2-77

（1）如果状态显示为已审核，说明申报表已受理，只需要等待公告发布即可。

（2）如果显示为被打回，那么点击被打回查看打回原因（图 2-78）。

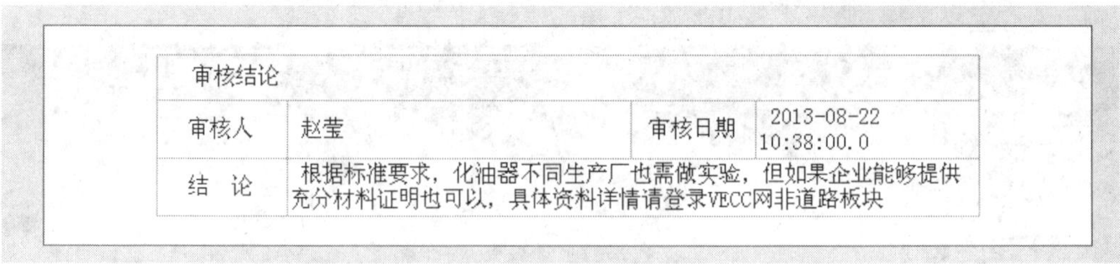

审核结论			
审核人	赵莹	审核日期	2013-08-22 10:38:00.0
结　论	根据标准要求，化油器不同生产厂也需做实验，但如果企业能够提供充分材料证明也可以，具体资料详情请登录VECC网非道路板块		

图 2-78

第三章　年报申报系统操作说明

第一节　申报系统概述

一、准备工作

（1）登录机动车环保网（http：//www.vecc-mep.org.cn）从【下载专区】栏目下载生产用户会员申请表，按要求填写后传真至中心，申请注册。

（2）确认收到的用户名和密码是否可以正常登录申报系统；确认用户资料是否正确并修改原始密码。

二、登录系统

登录机动车环保网，新车点击“新生产机动车环保排放达标申报系统”（如下图示）。

非道路点击“非道路移动机型用柴油机申报系统”（如右侧图示）。

进入机动车排放达标网络申报系统的用户登录界面，登陆申报系统（图 3-1，图 3-2）。

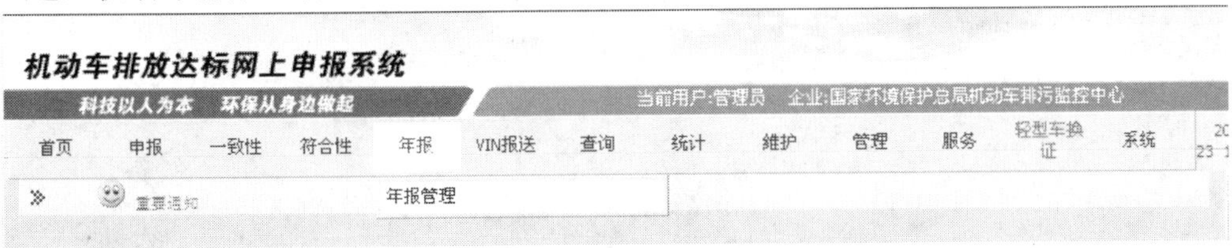

图 3-1

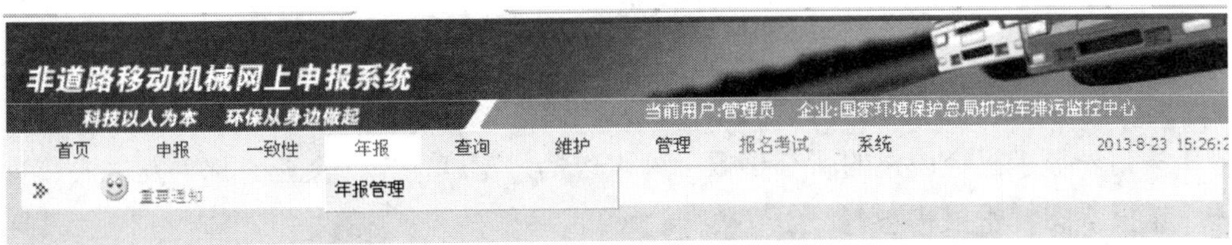

图 3-2

点击 年报管理 开始填写年报。

第二节 年报申报操作说明

年报申报包括：季报填写、发送季报；年报填写、发送年报。

一、填写说明

填写说明：

➢ 申报时间：

季度报告：每季度第一个月 15 日之前申报上一季度的季度报告；

年度报告：已上环保目录生产企业于每年 3 月 1 日前对上年度的《环保生产一致性保证计划书》执行情况进行总结，编写《环保生产一致性保证年度报告》，报送环境保护部。

年报列表说明（图 3-3）。

图 3-3

年报列表显示已经创建的所有年报，列表包括：年度、生产企业名称、发送人、发送时间、年报状态、季报状态。

【注意事项】

季度报告和年度报告都是按生产企业进行填写，如果有多个生产企业，那么需要分别填写对应的季度报告和年度报告。

二、填写季报和年报

年报填写分为两个部分：

（1）季度报告；

（2）年度报告。

（一）季度报告填写说明

1．填写内容

企业类别、企业地区大库基本信息、企业环保生产一致性管理负责人及联系方式、每季度的产销量情况、排放检验情况。

2．操作说明

点年报列表中的“季度报告”（图 3-4）。

机动车排放达标网上申报系统

科技以人为本　环保从身边做起　当前用户:管理员　企业:国家环境保护总局机动车排污监控中心

首页　申报　一致性　符合性　年报　VIN报送　查询　统计　维护　管理　服务　轻型车换证　系统

年报管理

序号	年度	企业名称	发送人	发送时间	年报状态	季度状态(点击被打回状态查看被打回原因)		
1	2013年	测试用企业	管理员	2013-07-09 10:11:49.0	申请中	一季度申请中	季度报告 /	年度报告发送
2	2013年	国家环境保护总局机动车排污监控中心	管理员	2013-04-15 09:35:27.0	申请中	一季度申请中 二季度申请中 三季度申请中 四季度申请中	季度报告 /	年度报告发送
3	2012年	国家环境保护总局机动车排污监控中心	管理员	2013-07-09 10:23:26.0	申请中	一季度申请中 二季度申请中 三季度申请中 四季度申请中	季度报告 /	年度报告发送
4	2012年	测试用企业	管理员	2013-03-19 15:20:16.0	申请中	一季度申请中 二季度申请中 三季度申请中 四季度申请中	季度报告 /	年度报告发送
5	2011年	国家环境保护总局机动车排污监控中心			未申请		季度报告 /	年度报告发送
6	2011年	测试用企业	管理员	2013-01-08 09:46:46.0	申请中	一季度申请中	季度报告 /	年度报告发送

公司介绍　联系方式　用户反馈　设为首页

主办单位：环境保护部机动车排污监控中心
技术支持：北京中维科环境信息工程技术有限公司

机动车环保网版权所有 ©2000-2009

图 3-4

进入季度报告填写界面，季度报告填写包括：企业类别、企业信息、每季度的产销量情况、生产企业整车（发动机）排放检验情况；

A．企业类别　确认企业所属类别（图 3-5）。如果有多项，可以多选。

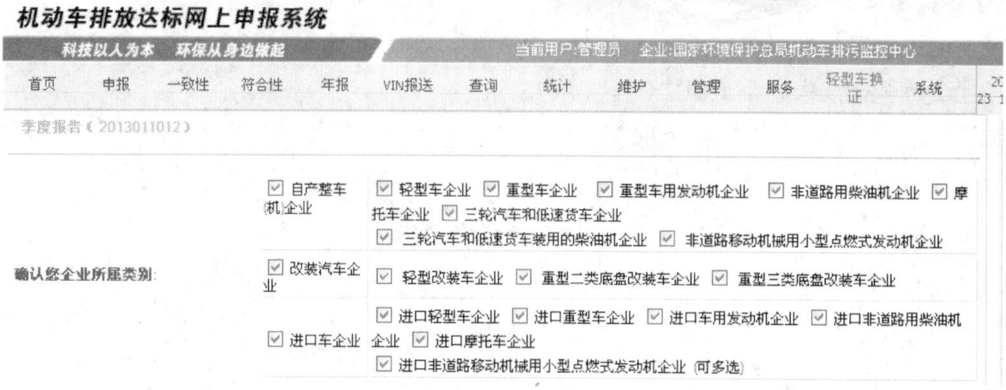

图 3-5

B．企业信息 填写企业填报人及大库等相关信息（图 3-6）。

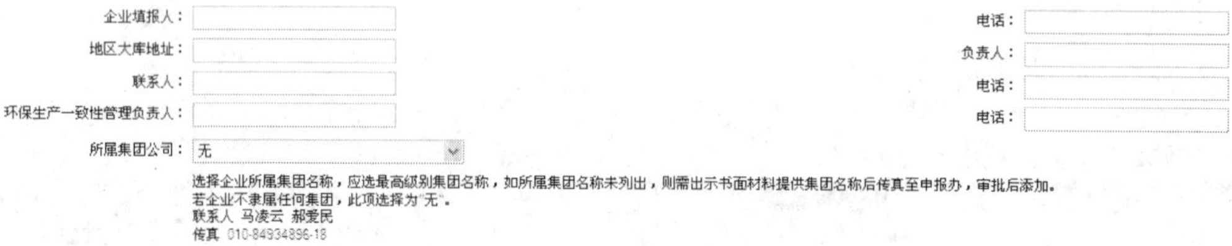

图 3-6

C．每季度的产销量情况 填写每季度总产销量及产量前五名车型（图 3-7）。

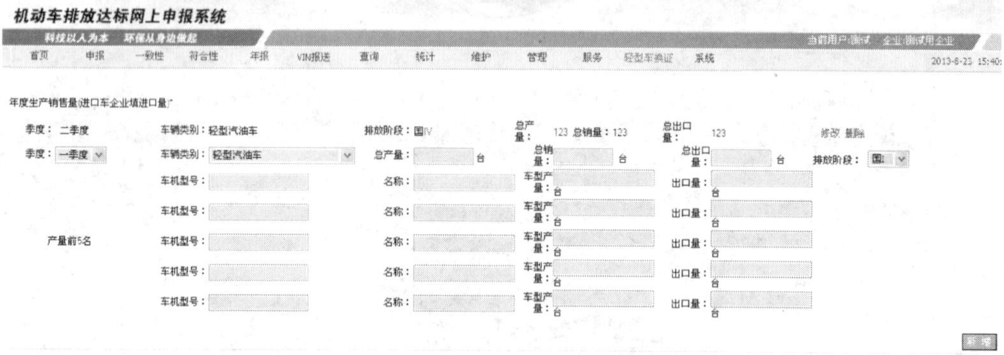

图 3-7

填写完后，点击新增按钮增加。

如需修改或查看填写的信息，点击列表后面的修改 修改 删除 。

D．生产企业整车（发动机）排放检验情况。

填写企业对于本年度内一致性检查的情况说明（图 3-8）。

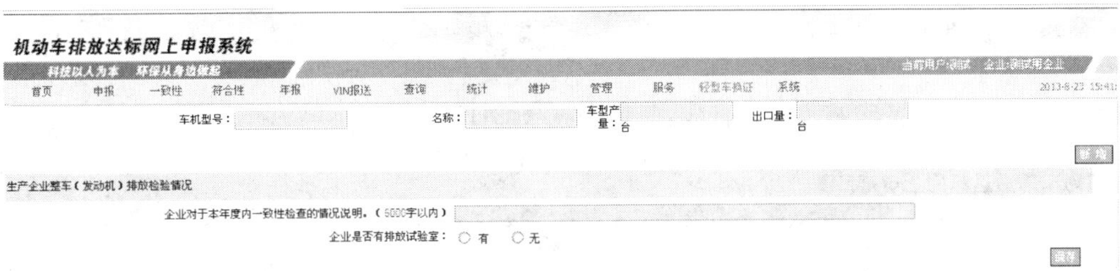

图 3-8

填写生产一致性自检试验数据（图 3-9）。

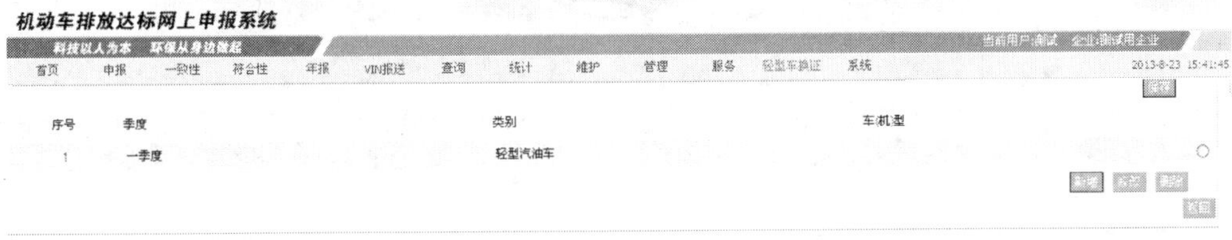

图 3-9

点击新增按钮进入试验数据填写（图 3-10）。

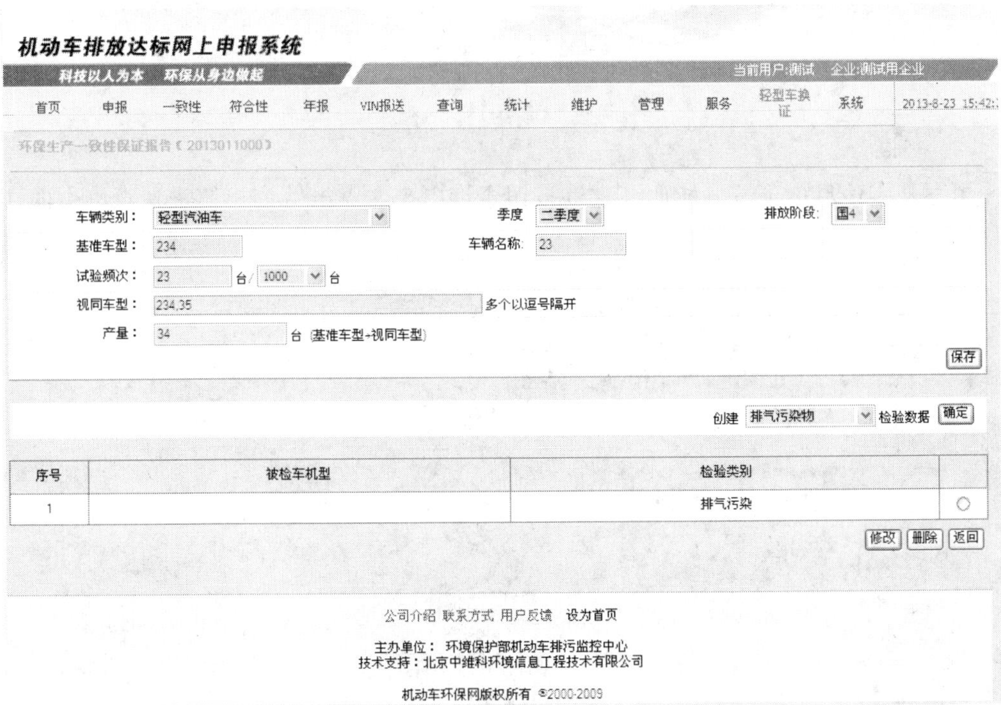

图 3-10

选择车辆类别，排放阶段，填写车型、试验频次、产量，点击保存按钮保存信息。

选择要创建试验数据的类别，如图： 创建 排气污染物 检验数据 确定 ，点击确定按钮进入试验数据填写的详细页面（图 3-11）。

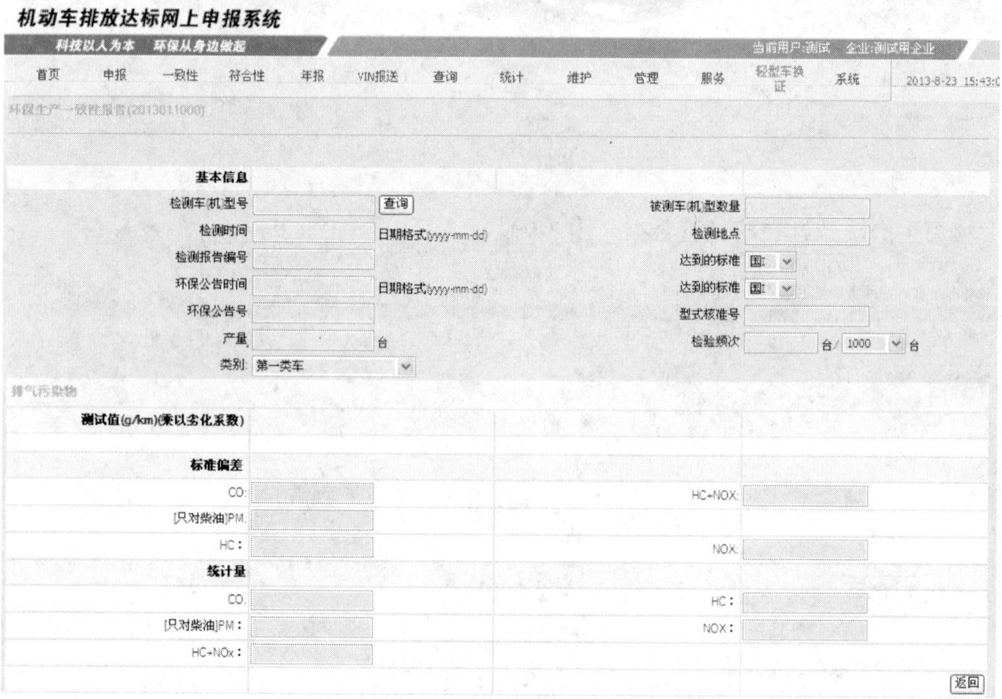

图 3-11

填写基本信息：车型只能通过查询按钮查询出来，点击查询按钮进入查询页面（图 3-12）。

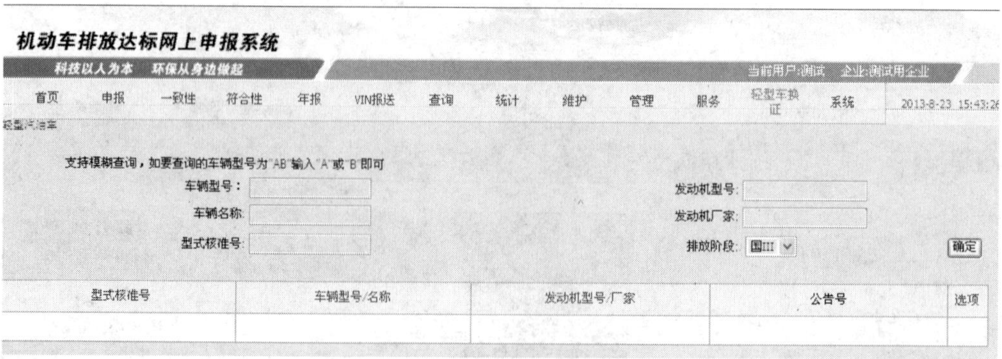

图 3-12

输入要查询的车型，点击确定按钮。系统会把符合条件的车型列到下面的列表中（图 3-13）。

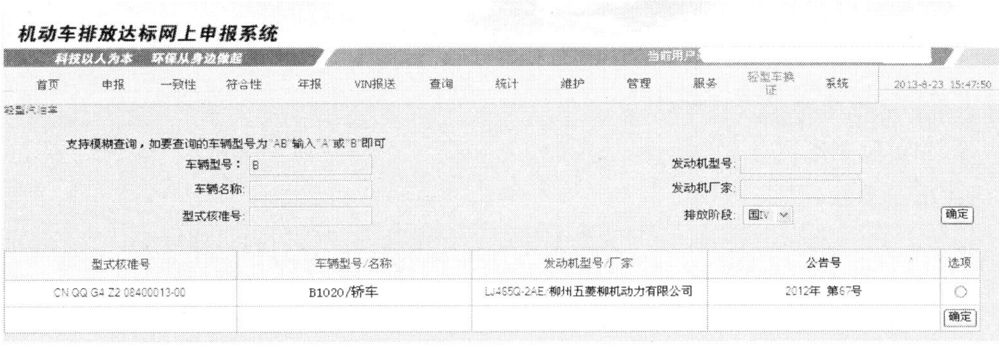

图 3-13

选择车型，点击确定按钮。返回基本信息页面（图 3-14）。

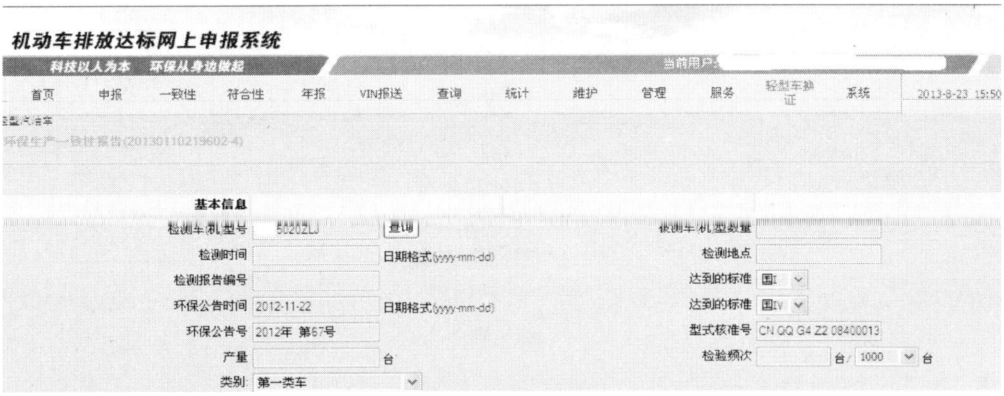

图 3-14

系统会自动体现车型的公告时间，公告号，型式核准号显示到基本信息中。

填写检测值（图 3-15）。

图 3-15

注：测试值如果有多个，可以 填写新测试值 按钮增加。

填写完成后点击下面的保存按钮保存。

注：如果有多种试验数据，则继续 创建 排气污染物 检验数据 确定 选择数据类型然后点击确定按钮创建。

（二）年度报告填写

1．填写内容

综述、生产一致性保证计划书的变更情况、一致性保证计划的实施情况、生产企业试验室检测质量控制情况作业文件号。

2．操作说明

点击年报列表中的“年报”（图 3-16）。

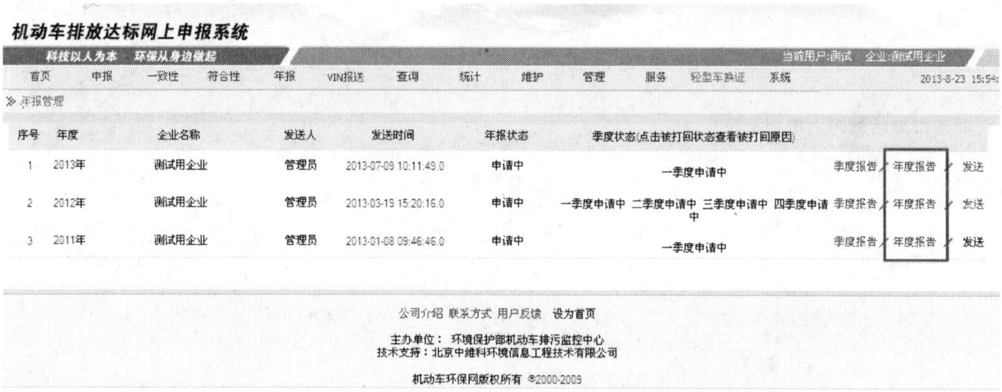

图 3-16

进入年报填写页面（图 3-17）。

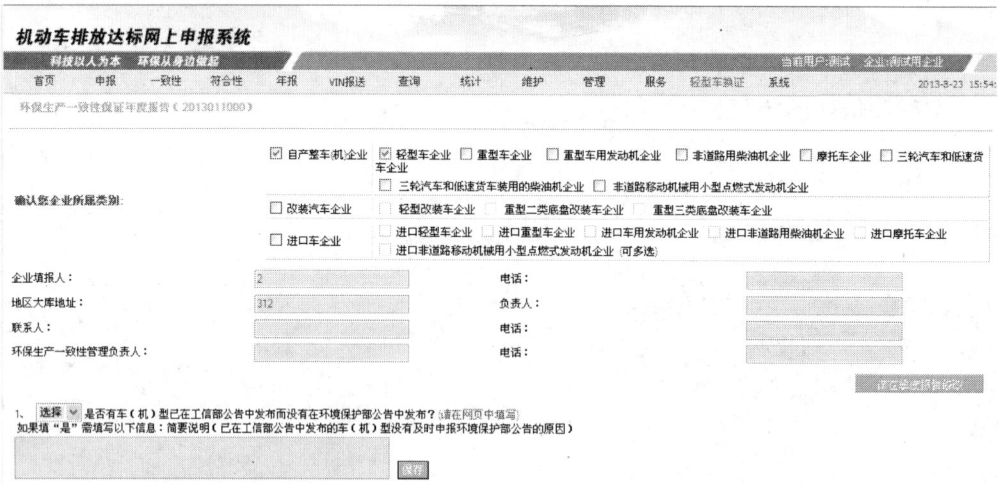

图 3-17

年报填写时需要注意：

年报中企业类别及填报人信息，年度生产销售量，生产企业整车（发动机）排放检验情况只能查看，不能修改或新增。如需修改，请到季度报告中修改或增加。

年报填写分为以下两种方式：上传 word 文件和网页申报。

A. 上传 word 文件（图 3-18）

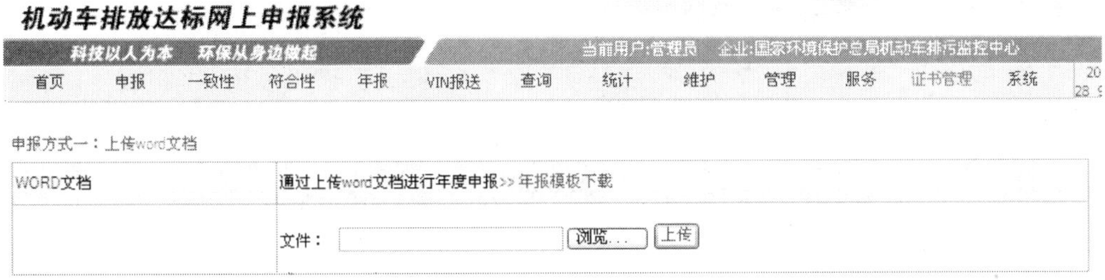

图 3-18

点 浏览 按钮选择 word 文件，返回后点 上传 按钮上传 word 文件；

B. 网页申报（图 3-19）

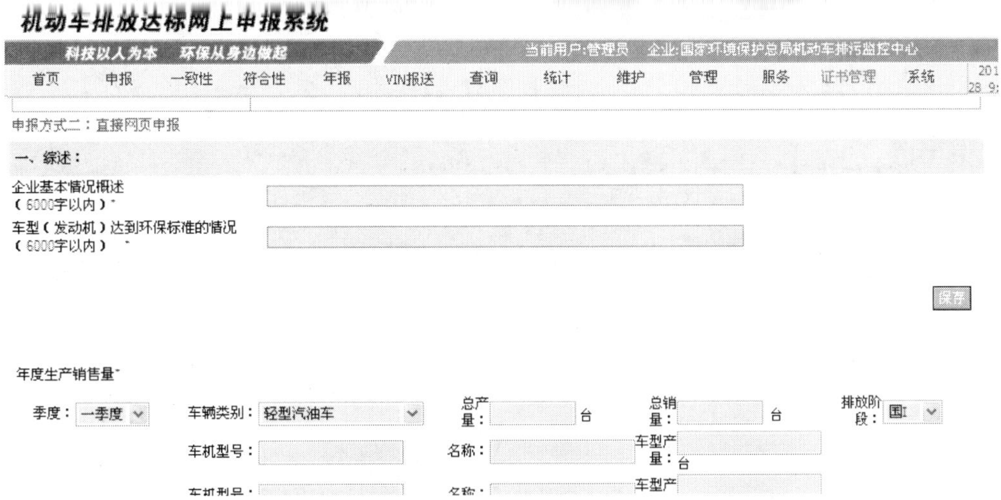

图 3-19

（1）填写综述（图 3-20）。

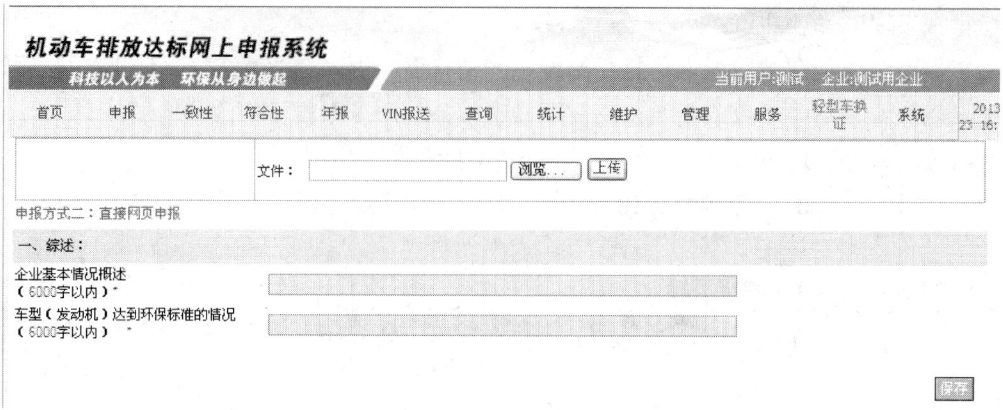

图 3-20

（2）填写生产一致性保证计划书的变更情况（图 3-21）。

图 3-21

（3）填写一致性保证计划的实施情况（图 3-22）。

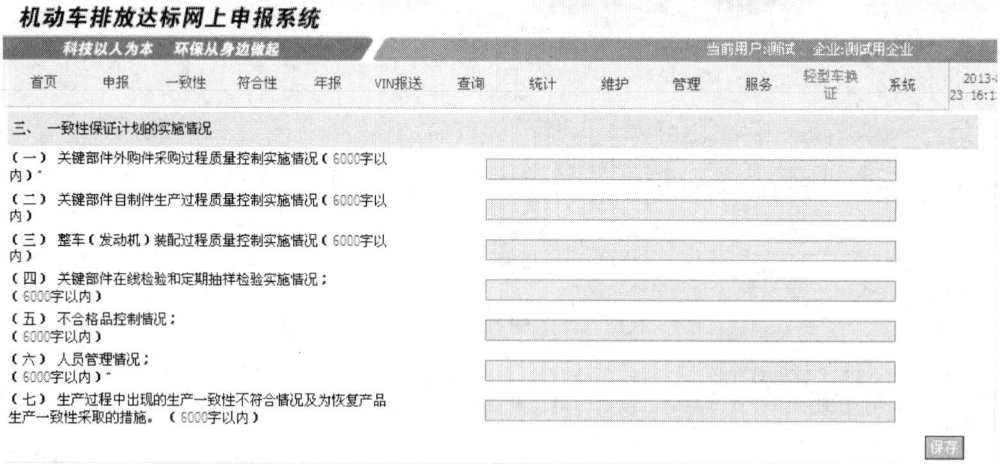

图 3-22

（4）填写生产企业试验室检测质量控制情况作业文件号（图 3-23）。

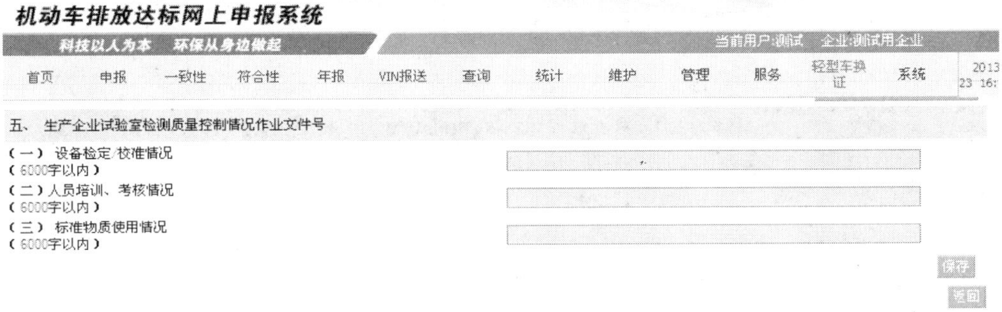

图 3-23

二、年报备案

年报备案分为：季度报告备案；年度报告备案。

1．季度报告备案

进入年报管理，点击列表对应的发送申请备案（图 3-24）。

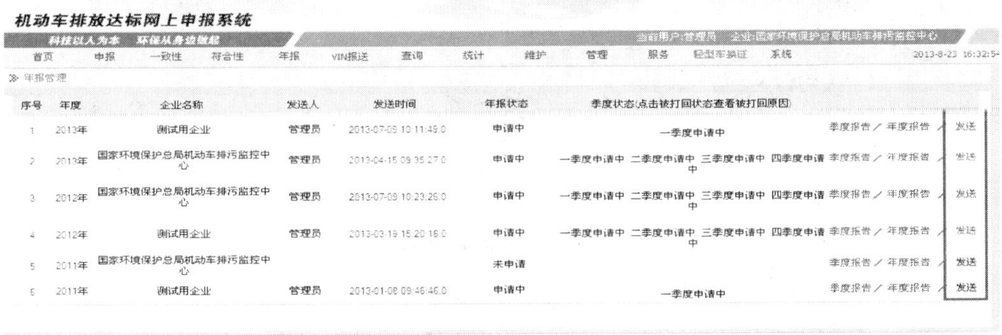

图 3-24

选择要发送的季度，输入申请备案说明（图 3-25）点击确定发送按钮完成申请。

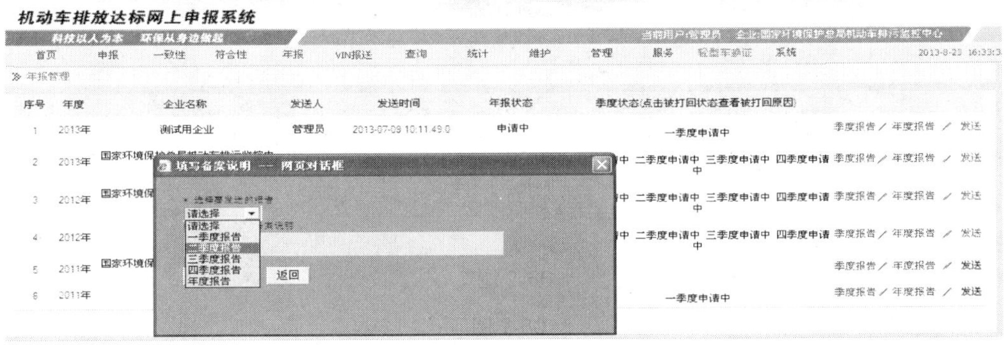

图 3-25

注意：不同季度的季度报告需要分别申请备案。

2．生产一致性保证年度报告备案

进入年报管理，点击列表对应的 发送 申请备案（图 3-26）。

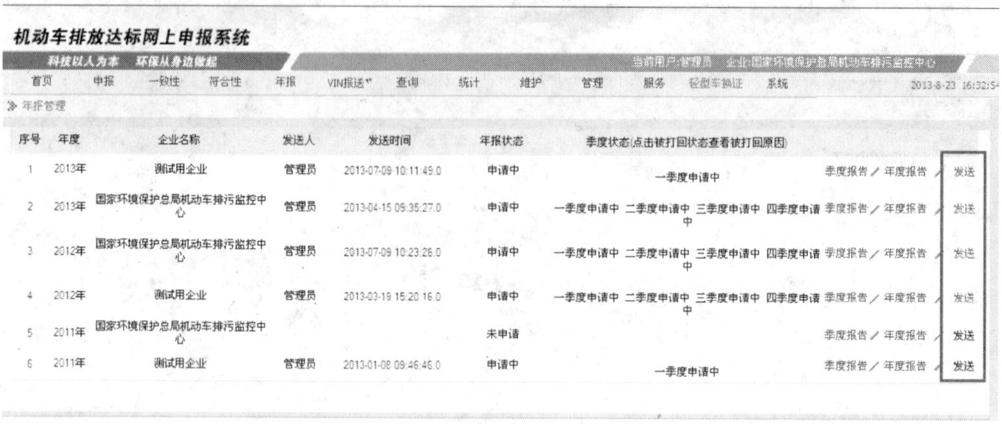

图 3-26

选择 年度报告 输入申请备案说明（图 3-27）点击 确定发送 按钮完成申请。

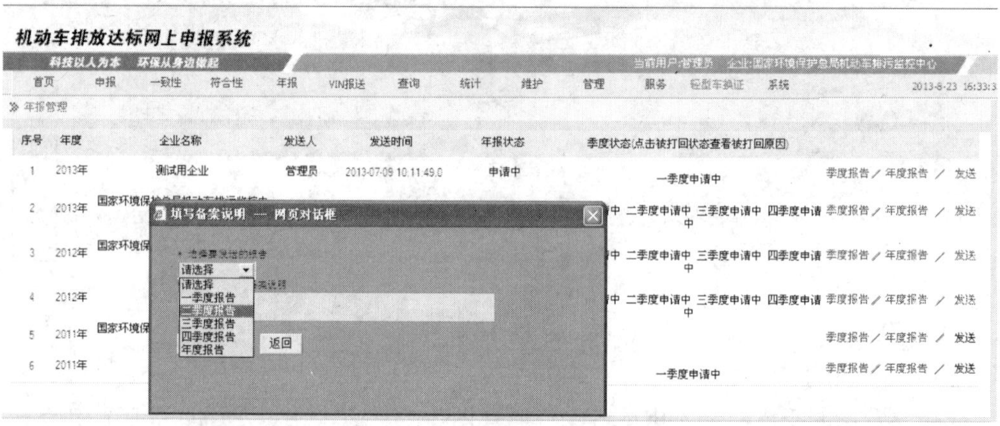

图 3-27

第四章　符合性报告申报系统操作说明

第一节　符合性报告申报系统概述

一、准备工作

（1）登录机动车环保网（http：//www.vecc-mep.org.cn）从【下载专区】栏目下载生产用户会员申请表，按要求填写后传真至中心，申请注册。

（2）确认收到的用户名和密码是否可以正常登录申报系统；确认用户资料是否正确并修改原始密码。

二、登录系统

登录机动车环保网站，新车点击“新生产机动车环保排放达标申报系统”（如下图所示）。

进入机动车排放达标网络申报系统的用户登录界面，登陆申报系统。

第二节　符合性报告申报填写说明

一、填写说明

符合性报告填写说明：

➢ 申报范围

所有已上环保目录的轻型车企业需填报《在用车排放符合性》。

➢ 申报时间

（1）企业应在型式核准后 6 个月内，提交《在用车排放符合性自查规程》。

（2）每年的 12 月 31 日前，提交下一年度的《在用车排放符合性年度自查计划》。

（3）每年的 3 月 1 日前提交上一年度的《在用车排放符合性年度自查报告》。

二、符合性报告操作说明

符合性报告填写包括：系族管理，符合性报告填写，符合性报告备案。

1．系族管理

系统管理用于维护系族车型，在填写符合性报告前必须先进行系族管理的维护。

点击“符合性”菜单中的“系族车型管理”（图 4-1）。

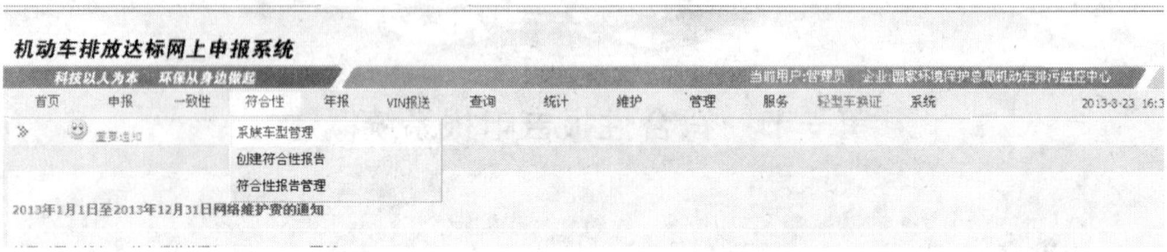

图 4-1

进入系族车型管理页面（图 4-2）。

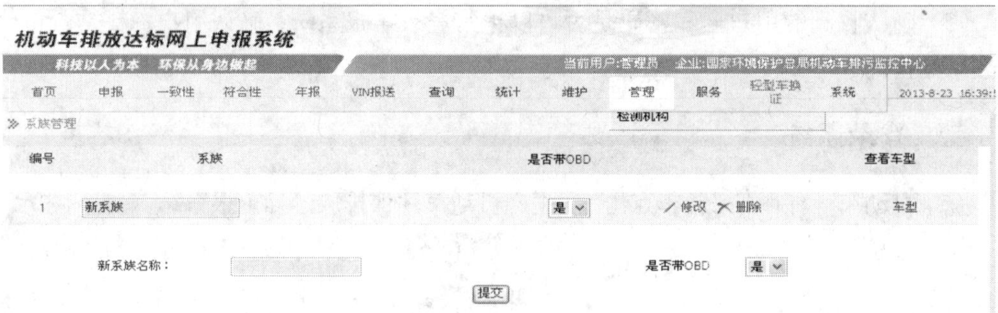

图 4-2

填写“新系族名称”，点击提交按钮。

提交完成的系族会显示到上方的列表中。通过列表的“修改”可以修改系族名称。

填写完系族名称后，需要维护系族的车型。点击列表中的“车型”进入车型维护页面（图 4-3）。

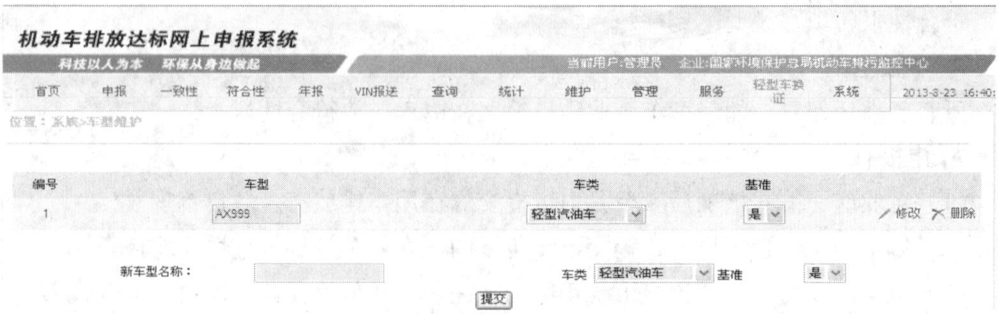

图 4-3

填写“新车型名称”，选择“车类”和“基准”，点击提交按钮。

提交完成的车型会显示到上方的列表中，通过列表的 修改 可以修改车型名称。

2. 符合性报告填写

点击“符合性”菜单中的“创建符合性报告”（图 4-4）。

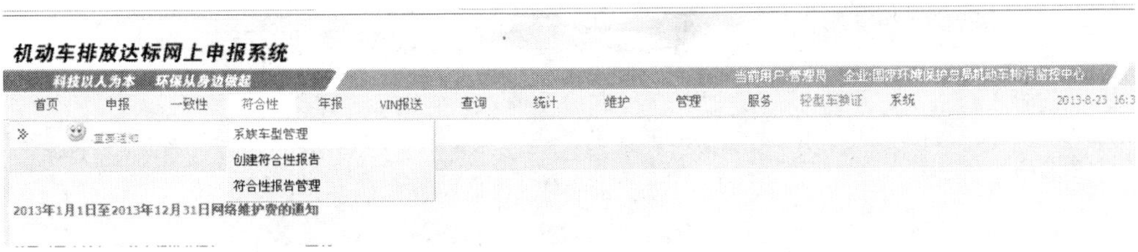

图 4-4

进入创建符合性报告页面（图 4-5）。

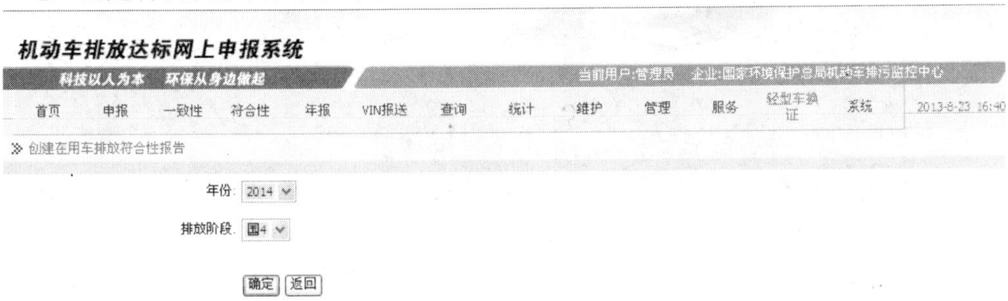

图 4-5

选择要创建的“年份”和“排放阶段”，点击确定按钮，进入符合性报告填写页面（图 4-6）。

图 4-6

符合性报告填写分为：自查规程，企业资料，自查计划，年度报告。

（1）填写自查规程。自查规程填写分为无 OBD 和带 OBD。填写时需要注意分开填写（图 4-7）。

图 4-7

（2）确认企业资料（图 4-8）。

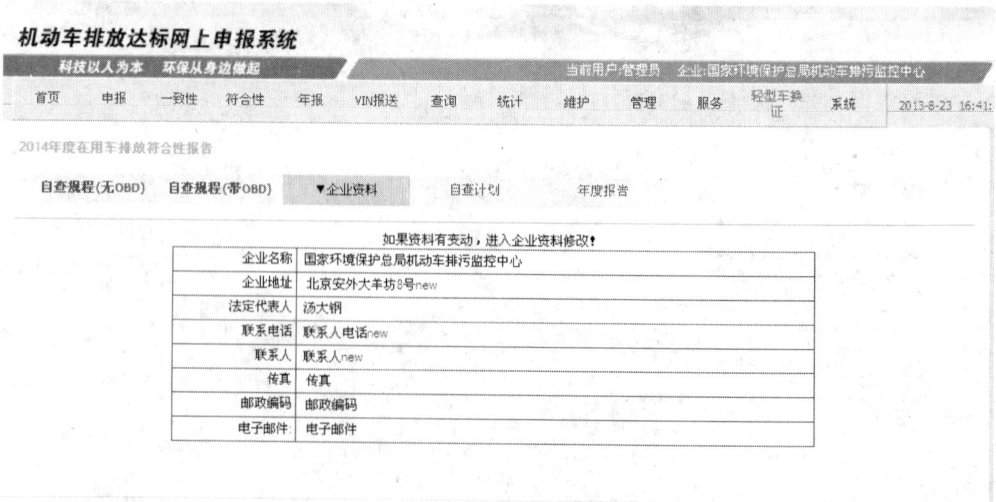

图 4-8

（3）填写自查计划。点击“自查计划”，进入自查计划页面（图 4-9）。

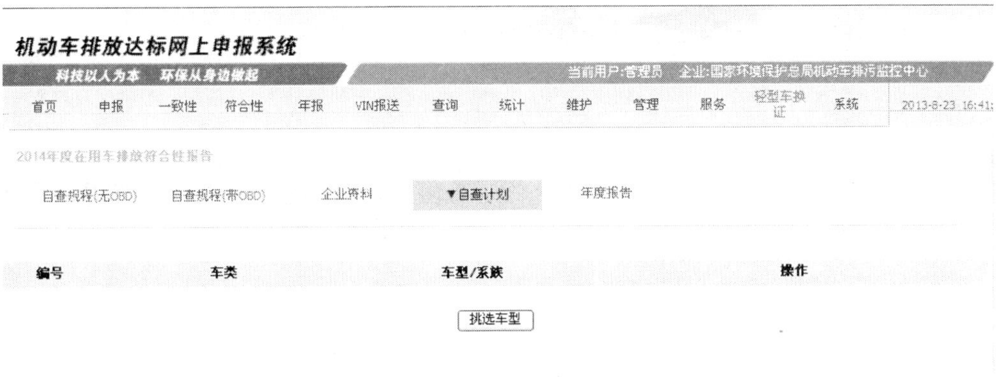

图 4-9

点击挑选车型按钮，系统会把已经维护好的系族车型显示到列表中（图 4-10）。

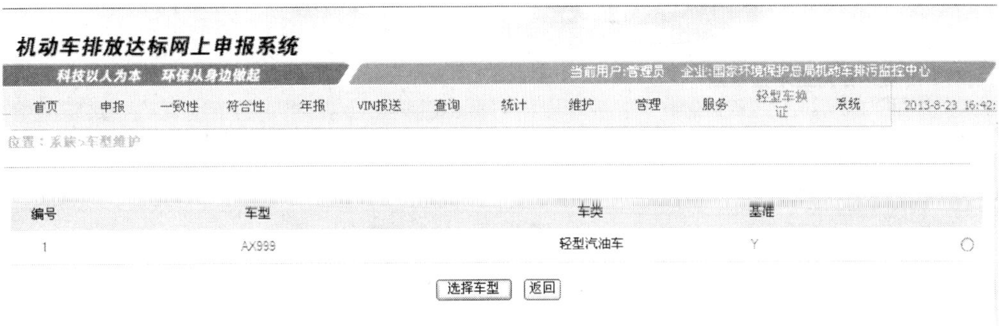

图 4-10

选择车型后点击选择车型按钮，然后返回自查计划页面。如果没有需要选择的车型，请先到系族管理中维护车型信息。

选择的车型显示到自查计划页面的列表中（图 4-11）。

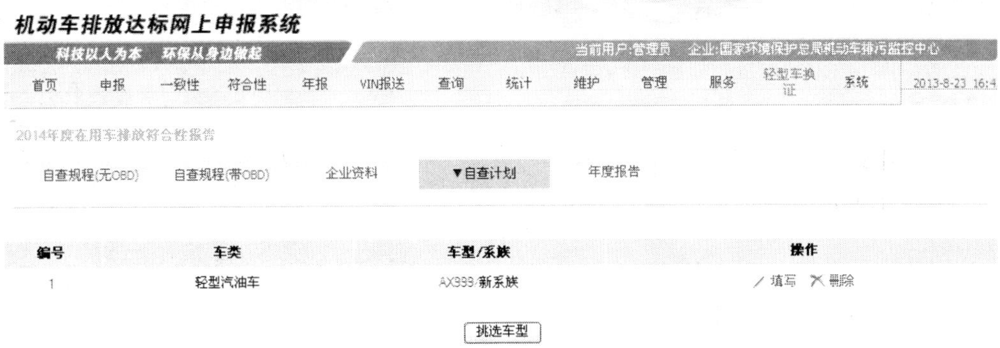

图 4-11

点击列表中填写，进入车型的自查计划填写页面（图 4-12）。

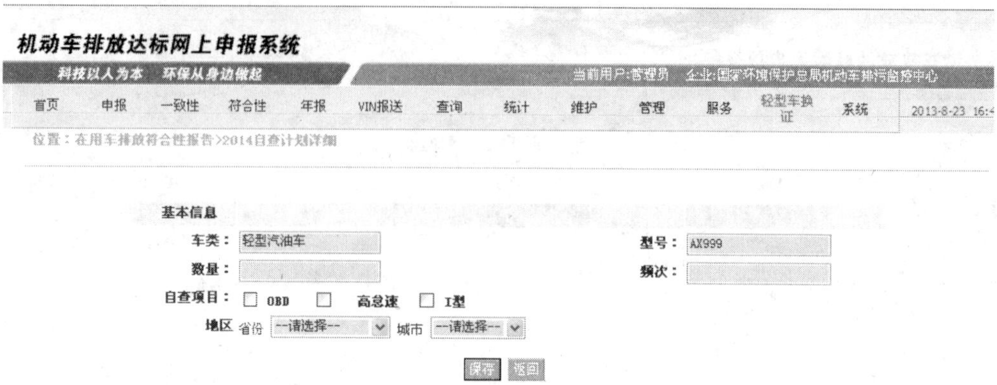

图 4-12

填写完后点击 保存 按钮保存。

（4）填写年度报告点击页面的年度报告，进入年度报告填写（图 4-13）。

图 4-13

年报填写分车型试验数据填写和年报资料填写。

车型试验数据填写，点击列表中车型对应的“填写”进入详细页面（图 4-14）。

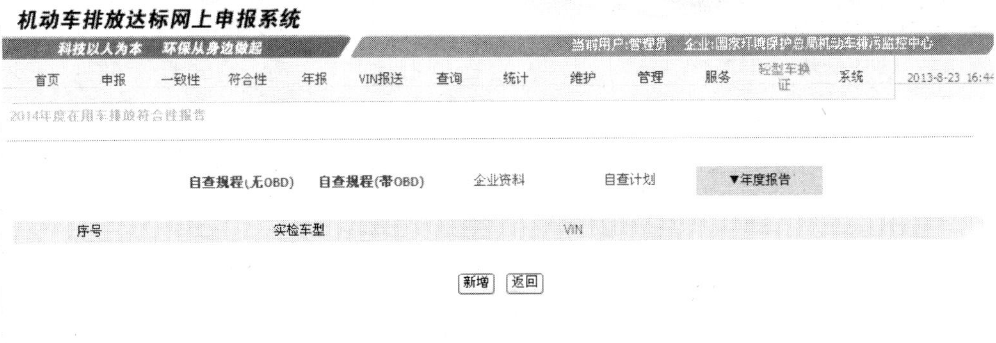

图 4-14

点击 新增 按钮增加（图 4-15）。

图 4-15

填写完成后点击保存按钮保存，并返回（图 4-16）。

点击“检验数据”可以进入车型的详细信息查看或修改。

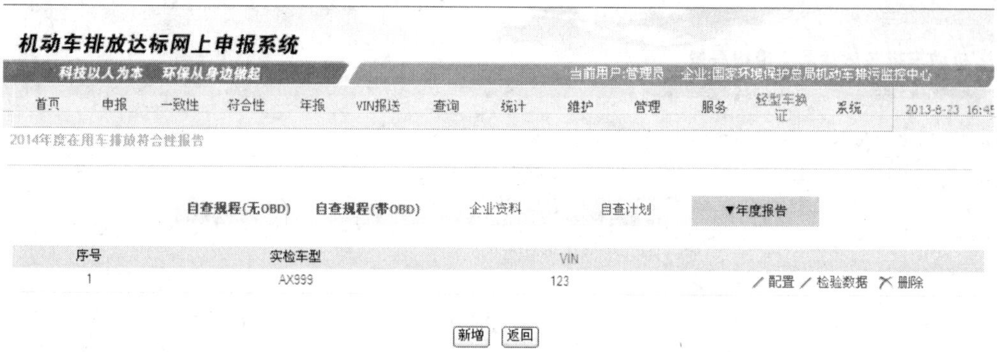

图 4-16

点击列表中的“配置”进入挑选配置页面（图 4-17）。

图 4-17

选择配置后点击选择按钮保存。

返回年度报告页面，填写年报资料（图 4-18）。

图 4-18

3．符合性报告申请备案

点击“符合性”菜单中的“符合性报告管理”进入符合性报告管理页面（图 4-19）。

图 4-19

符合性报告申请备案分为：自查规程和自查计划申请备案、年报备案。

（1）自查规程和自查计划申请备案。

点击列表中的发送申请自查规程和自查计划备案（图 4-20）。

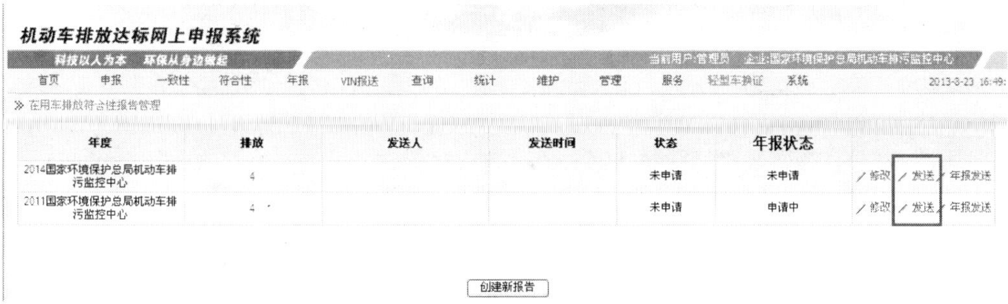

图 4-20

填写备案说明（图 4-21）。

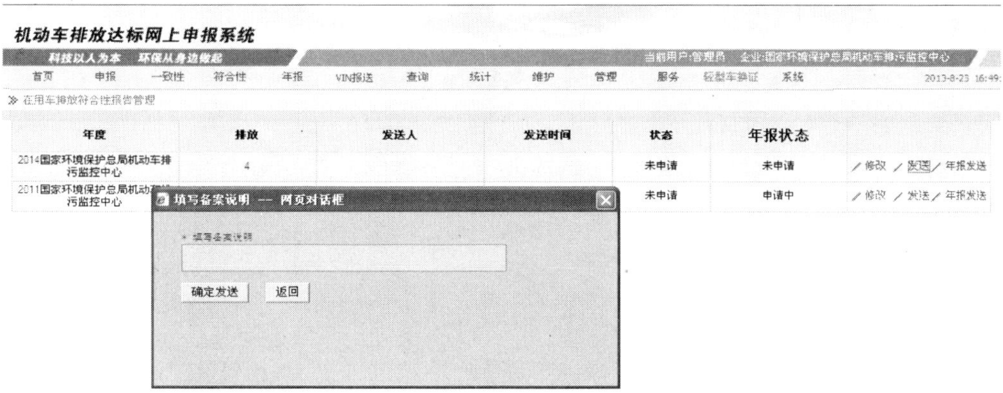

图 4-21

点击 确定发送 按钮发送。

（2）年报备案。

点击列表中的 年报发送 申请年报备案（图 4-22）。

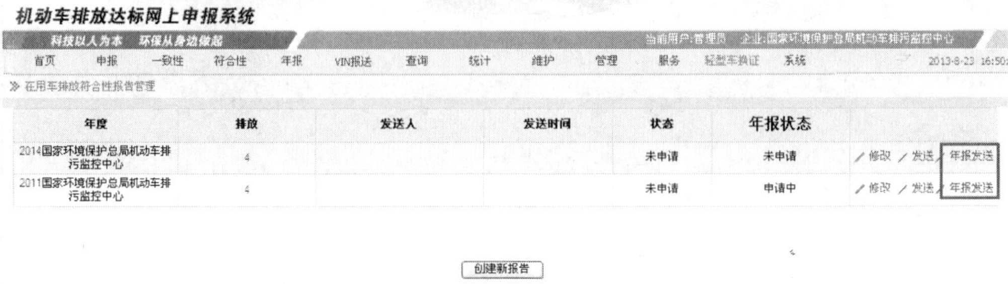

图 4-22

填写备案说明（图 4-23）。

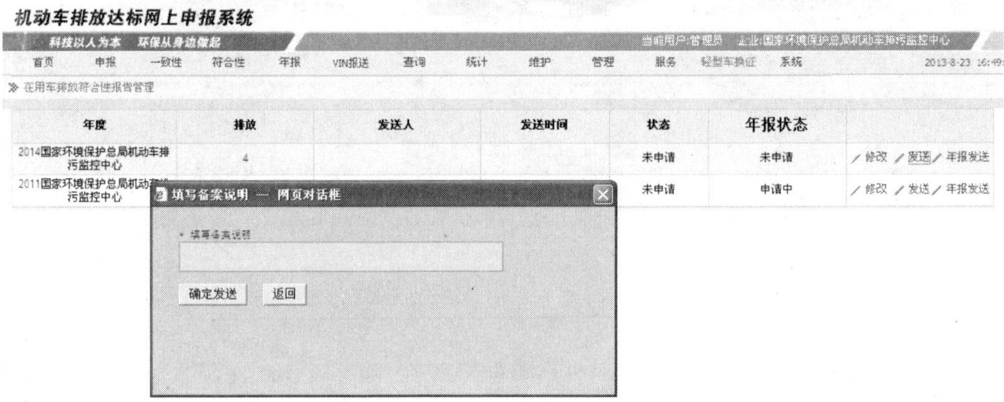

图 4-23

第五章　申请变更操作说明

第一节　申报系统概述

一、准备工作

（1）登录机动车环保网（http：//www.vecc-mep.org.cn）从【下载专区】栏目下载生产用户会员申请表，按要求填写后传真至中心，申请注册。

（2）确认收到的用户名和密码是否可以正常登录申报系统；确认用户资料是否正确并修改原始密码。

二、登录系统

登录机动车环保网站，点击“新生产机动车环保排放达标申报系统”（如下面图示）。

进入机动车排放达标网络申报系统的用户登录界面，登陆申报系统。点击界面“申报”，选择“申请变更”（图 5-1）。

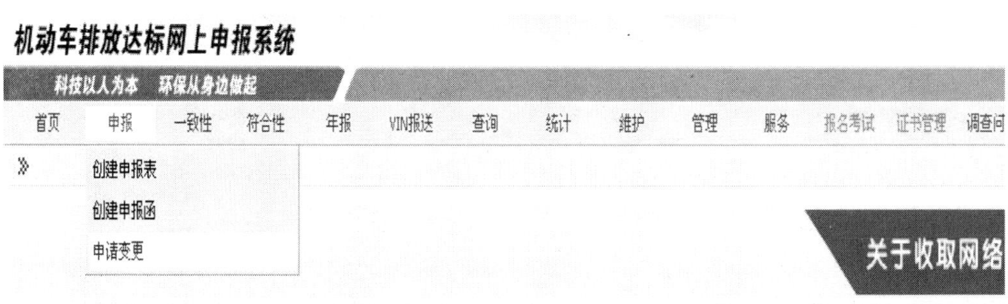

图 5-1

第二节　申请变更操作说明

一、申请变更流程

申请变更流程：

➢ 企业上传变更资料包；

➢ 中心审核变更资料包；

➢ 企业填写变更内容并提交申请；

➢ 中心审核；

➢ 发核对搞；

➢ 发变更公告。

二、申请变更操作说明

1. 上传资料包

点 申请 中的 申请变更 菜单进入变更页面（图 5-2）。

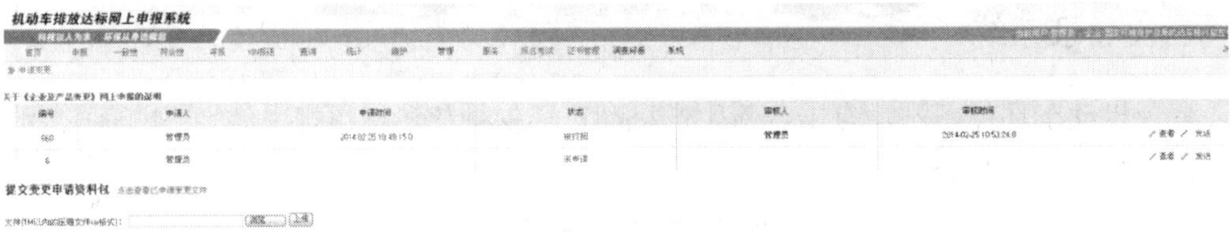

图 5-2

点 浏览 按钮选择要上传的资料包（图 5-3）。

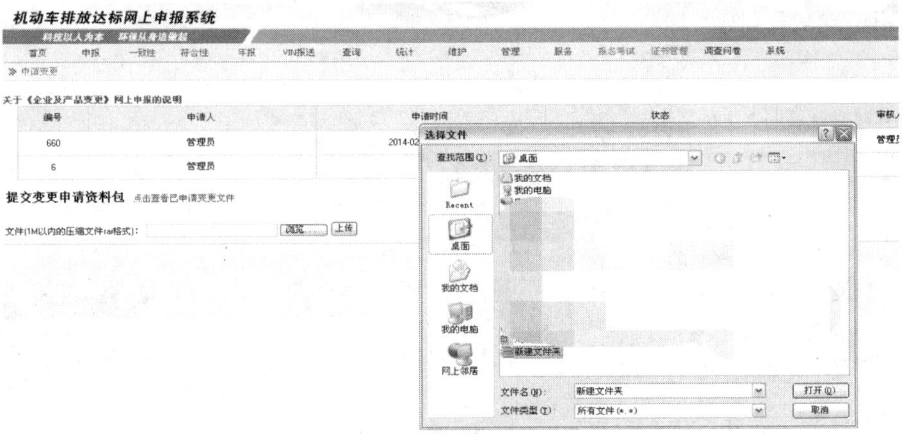

图 5-3

返回后，点 上传 按钮上传资料包。（图 5-4）

图 5-4

上传成功后点 点击查看已申请变更文件 查看资料包申请明细（图 5-5）。

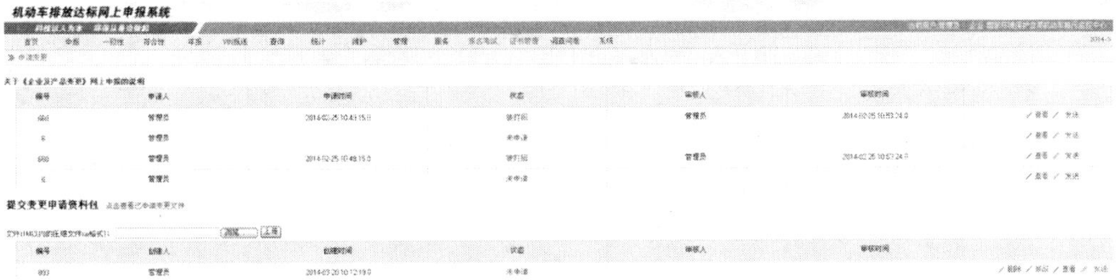

图 5-5

确认资料包无误后，点击 发送 发送资料包。

列表菜单：

◇ 删除 删除当前选择的变更资料；申请中或已备案的不能被删除。

◇ 修改 重新选择变更资料；申请中或已备案的不能修改。

◇ 查看 下载已经上传的变更资料。

◇ 发送 把上传成功的变更资料发送到审核办公室。

【注意】

◇ 上传完资料后，必须发送，审核人员才能查看企业申请的变更资料。

◇ 上传的变更资料包通过审核后，系统会生成一条变更记录（图 5-6）。

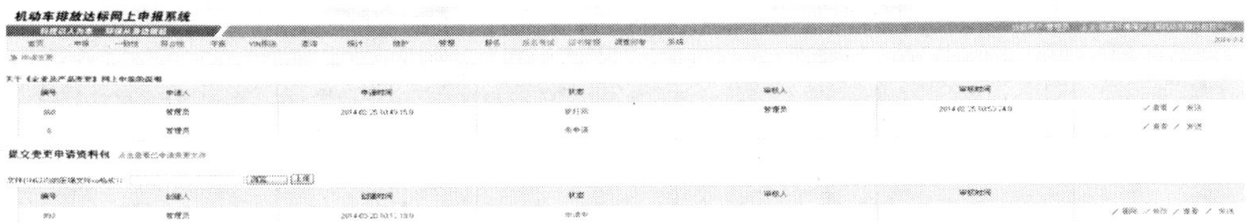

图 5-6

点 查看 进入详细页面，填写变更内容。

2．填写变更内容

进入变更申请管理页面，点 查看 进入填写变更详细页面（图 5-7）。

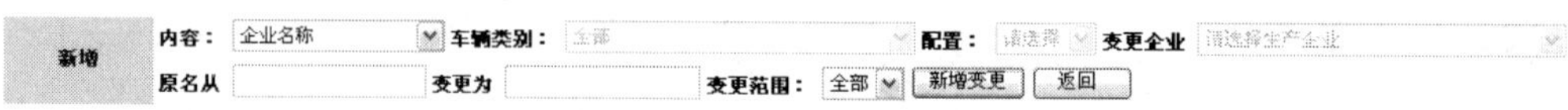

图 5-7

选择变更内容、车类类别、配置、变更企业、填写原型号或生产厂、填写变更后型号或生产厂、选择变更范围，点 新增变更 按钮增加（图 5-8）。

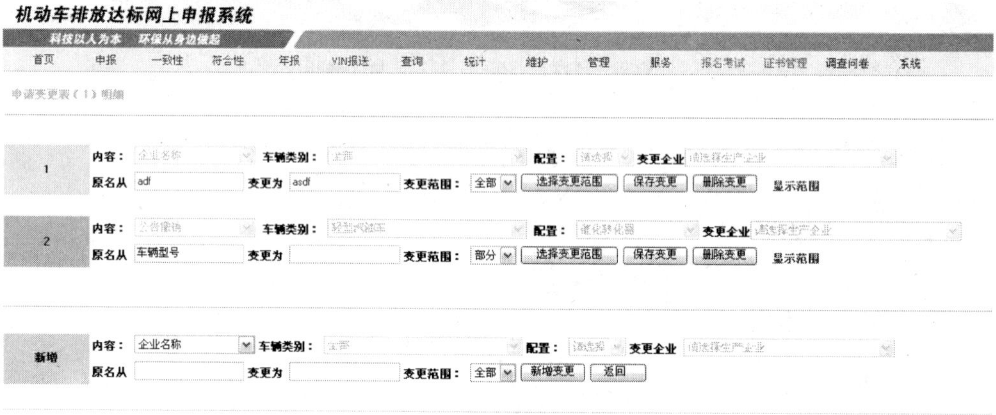

图 5-8

【注意】

◇ 如果是部分变更，请选择变更范围为“部分”，然后点“新增变更”按钮；增加完成后，点“选择变更范围”进行选择，选择完成后点“保存变更”保存。点“显示范围”可以查看选择的内容。

◇ 如果是公告撤销，那么只需要在原名填写要撤销的型号即可；公告撤销必须要选择变更范围。

3．变更申请备案

进入申请变更管理页面（图 5-9）。

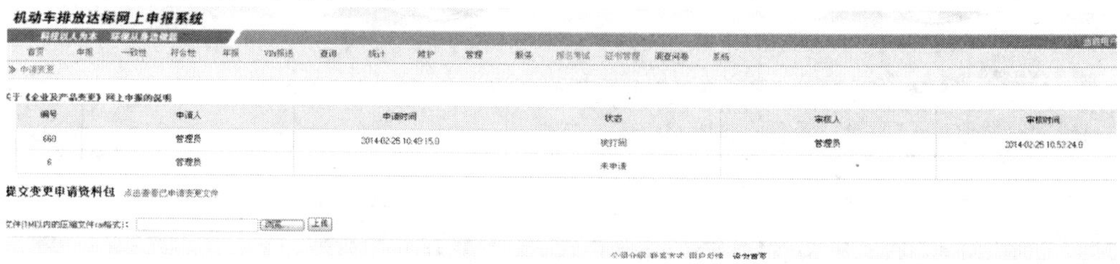

图 5-9

点击列表中的发送申请备案（图 5-10）。

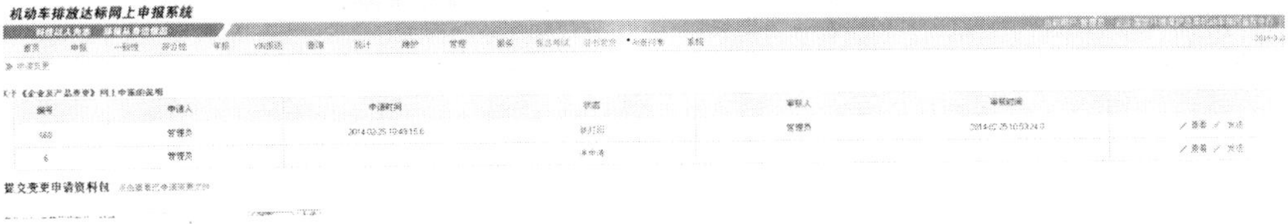

图 5-10

填写备案说明（图 5-11）。

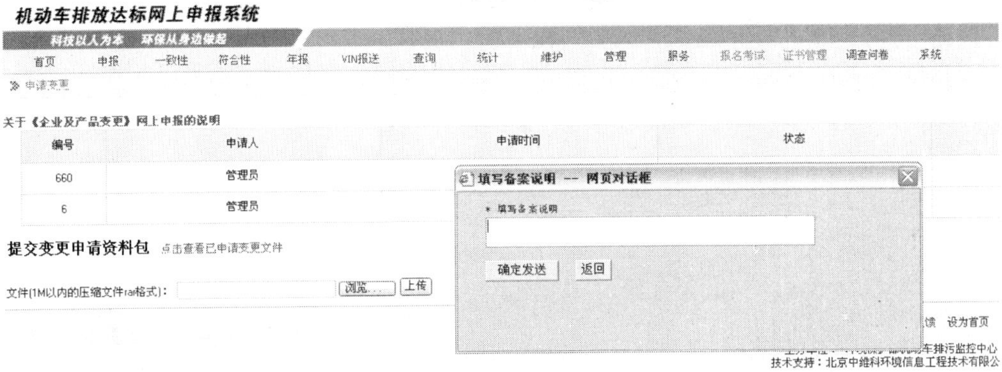

图 5-11

点击 确定发送 按钮发送。

第六章　VIN 申报操作说明

一、用户登录

企业进行车辆识别代码 VIN（发动机）信息（以下称 VIN 信息）报送需通过“ 新生产机动车排放达标申报系统”进行报送，如还没有申请新车申报资格，请登录机动车环保网（http：//www.vecc-mep.org.cn）进行申请。

点击【新生产机动车环保排放达标申报系统】进入登录界面（图 6-1）。

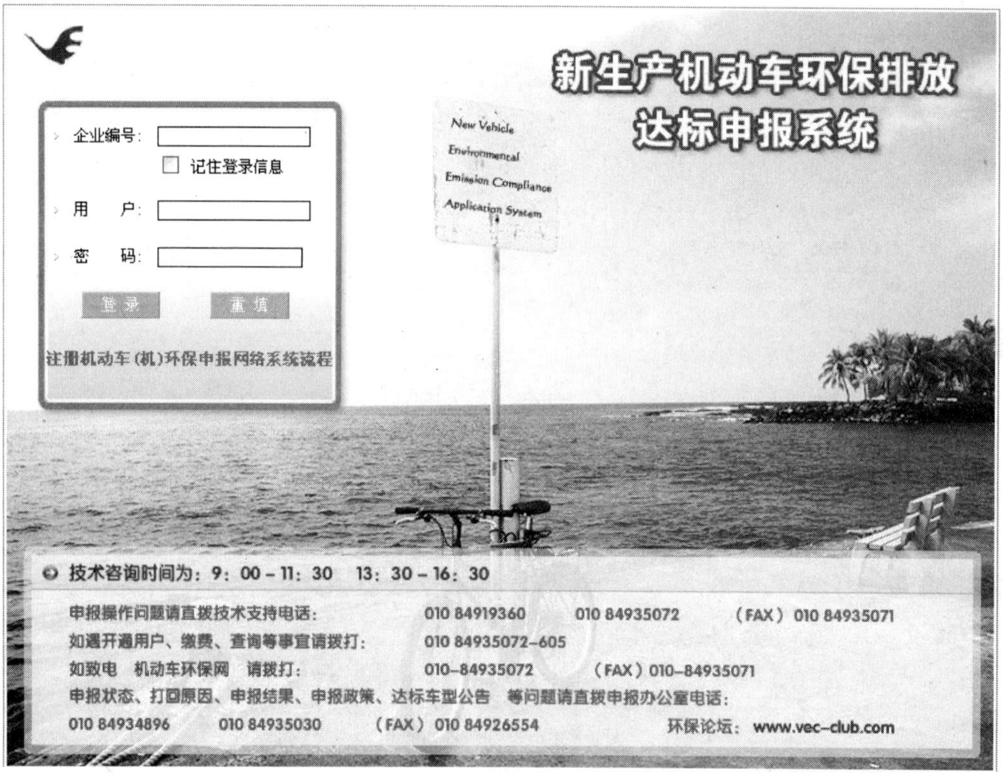

图 6-1

输入企业编号，用户名，密码。点击【登录】按钮，登陆申报主界面。点击“VIN 报送”（图 6-2）。

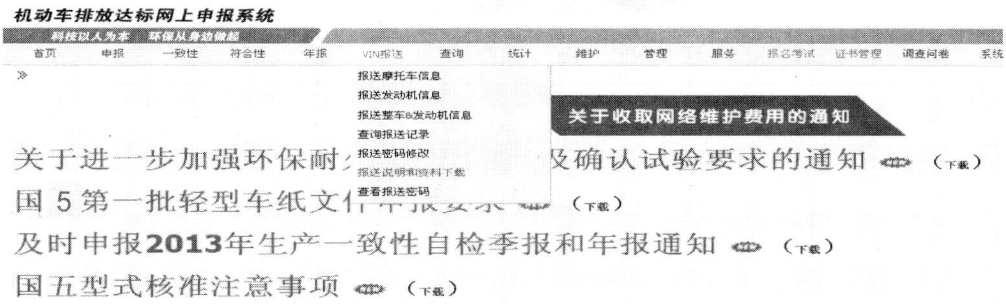

图 6-2

VIN 报送分为：报送摩托车信息、报送发动机信息、报送整车发动机信息、查询报送记录、报送密码修改、报送说明和资料下载、查看报送密码。

二、报送注意事项

（1）必须用 Admin 用户或有 VIN 报送权限的用户（可在用户管理菜单进行授权）才能看到 VIN 报送菜单。

（2）每次报送都需要输入报送密码。如果是初次报送，用 Admin 用户，点击“查看报送密码”可获取初始的报送密码，请管理员及时修改该密码。

（3）报送前请确认企业资料里面是否选择确认您企业所属类别（图 6-3）。

图 6-3

如企业类别未选择，则在 VIN 报送菜单中看不见需要报送的车类（图 6-4）。

图 6-4

三、报送流程

以报送整车&发动机信息为例：

（1）点击 报送整车&发动机信息 菜单进入输入报送密码页面（图 6-5）。

图 6-5

（2）输入密码。点击【确定】进入报送页面（图 6-6）。

图 6-6

【注意】

◇ 报送前必须按指定格式要求把数据整理成 Excel 格式。可在页面上下载报送模板。

◇ 选择的报送车类不一样内容有所区别，详细请参考相关手册。

（3）点击【浏览】选择要报送的 Excel 文件（图 6-7）。

图 6-7

【注意】

◇ Excel 文件数据不能超过 5 万条。

◇ Excel 文件必须要符合对应模板的要求（发动机，摩托车，整车的报送模版不同）。

选择 Excel 文件之后，点击 查看数据 按钮（图 6-8）。

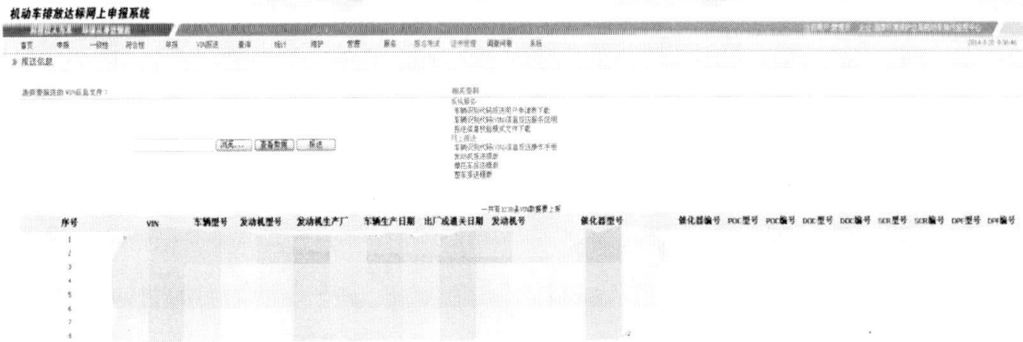

图 6-8

查看数据确认无误后，点击【报送】按钮开始报送（图 6-9）。

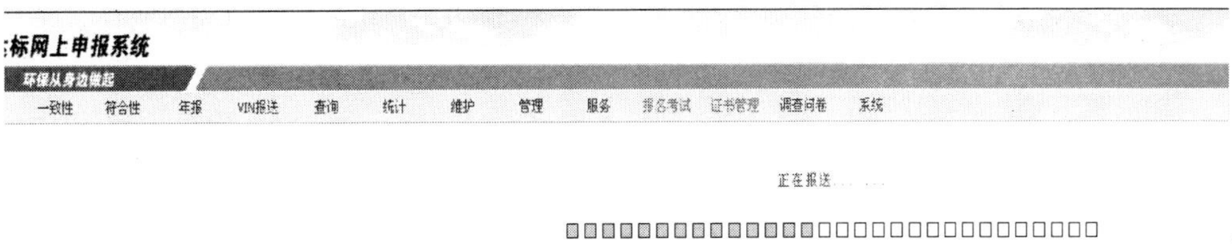

图 6-9

如果报送失败后，系统会返回错误信息。可根据错误信息进行文件修改，修改完毕后重复以上报送操作（图 6-10）。

图 6-10

如无问题，系统会提示报送成功的 VIN 数（图 6-11）。

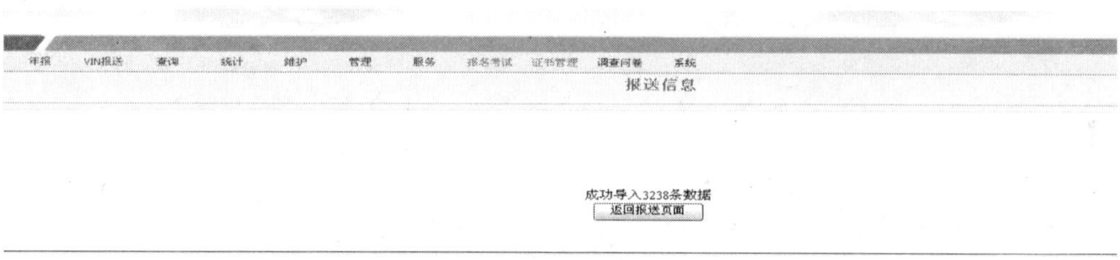

图 6-11

点击【返回报送页面】系统将返回报送页面。

四、查看报送记录

【查看报送记录】可以查询完成型式核准号匹配的车型信息（图 6-12）。

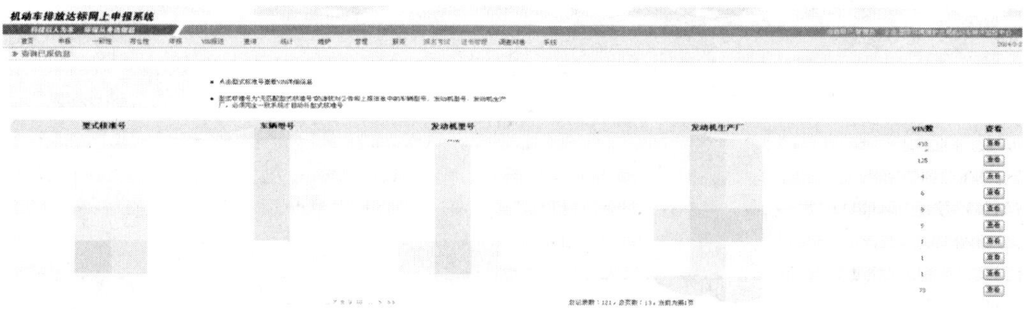

图 6-12

要查看车型所有报送的 VIN 信息，请点击对应的【型式核准号】，将显示所对应的 VIN 列表（图 6-13）。

» 查询已报信息

• 12345678 已上报VIN信息14条

序号	VIN	车辆型号	发动机型号	发动机生产厂	生产日期	出厂或通关日期	发动机号	催化器型号	催化器编号	删除
1	qwerf001zxcfg0009	6DXFV(3.0L 汽油机 AT)	XFV	FM-Douvrin	2009-1-9	2000-1-9	6DXFV(3.0L 汽油机 AT)	XFV	FM-Douvrin	删除
2	qwerf001zxcfg0010	9-3	B207L	Saab Automobile AB	2009-1-10	2000-1-10	9-3	B207L	Saab Automobile AB	删除
3	qwerf001zxcfg0011	9-3	B207R	SAAB Automobile AB	2009-1-11	2000-1-11	9-3	B207R	SAAB Automobile AB	删除
4	qwerf001zxcfg0012	9-3 AERO Convertible	B207R	SAAB Automobile AB	2009-1-12	2000-1-12	9-3 AERO Convertible	B207R	SAAB Automobile AB	删除
5	qwerf001zxcfg0014	9-3 ARC	B207R	SAAB Automobile AB	2009-1-14	2000-1-14	9-3 ARC	B207R	SAAB Automobile AB	删除
6	qwerf001zxcfg0013	9-3 ARC	B207L	Saab Automobile AB	2009-1-13	2000-1-13	9-3 ARC	B207L	Saab Automobile AB	删除
7	qwerf001zxcfg0001	140 Gallardo	CEH	Lamborghini	2009-1-1	2000-1-1	140 Gallardo	CEH	Lamborghini	删除
8	qwerf001zxcfg0002	198-BRAVO	198A1000	FIAT-POWER TRAIN	2009-1-2	2000-1-2	198-BRAVO	198A1000	FIAT-POWER TRAIN	删除
9	qwerf001zxcfg0003	199-PUNTO	199A6000	FIAT-POWER TRAIN	2009-1-3	2000-1-3	199-PUNTO	199A6000	FIAT-POWER TRAIN	删除
10	qwerf001zxcfg0004	323-LINEA	198A4000	FIAT-POWER TRAIN	2009-1-4	2000-1-4	323-LINEA	198A4000	FIAT-POWER TRAIN	删除

1 2

图 6-13

如提示“无匹配的型式核准号”，请查询上传的车型或发动机信息是否和环保公告车型发动机一致（图 6-14）。

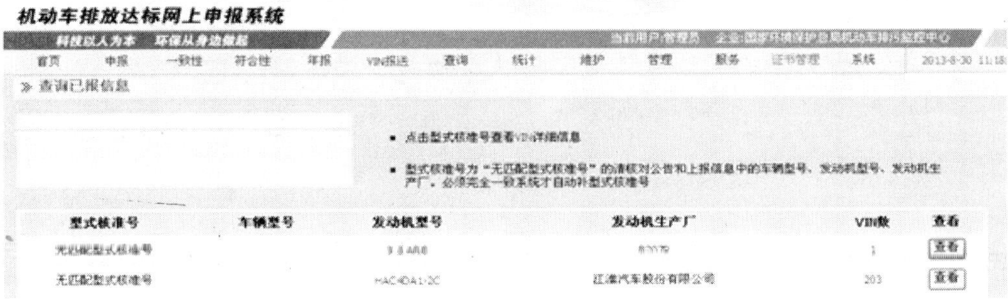

图 6-14

五、修改报送密码

点击【修改 VIN 报送密码】（图 6-15）。

图 6-15

【注意】请在开通 VIN 申报以后，及时修改初始的报送密码。

六、查看报送密码

点击【查看报送密码】查看报送密码（图 6-16）。

只有管理员用户 Admin 才可以查看报送密码。

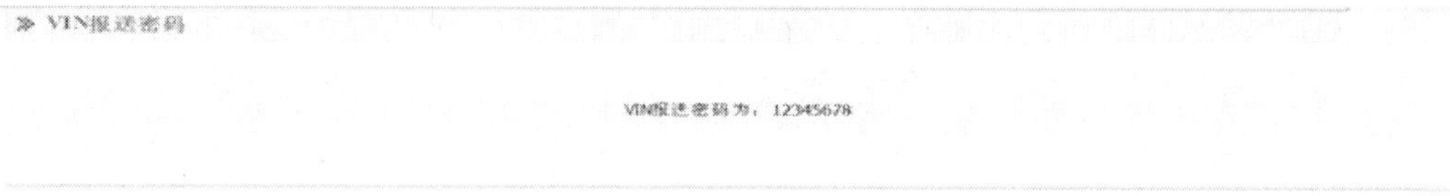

图 6-16

七、报送说明和资料下载

点击【报送说明和资料下载】菜单进入到详细页面（图 6-17）。选择相应内容下载浏览。

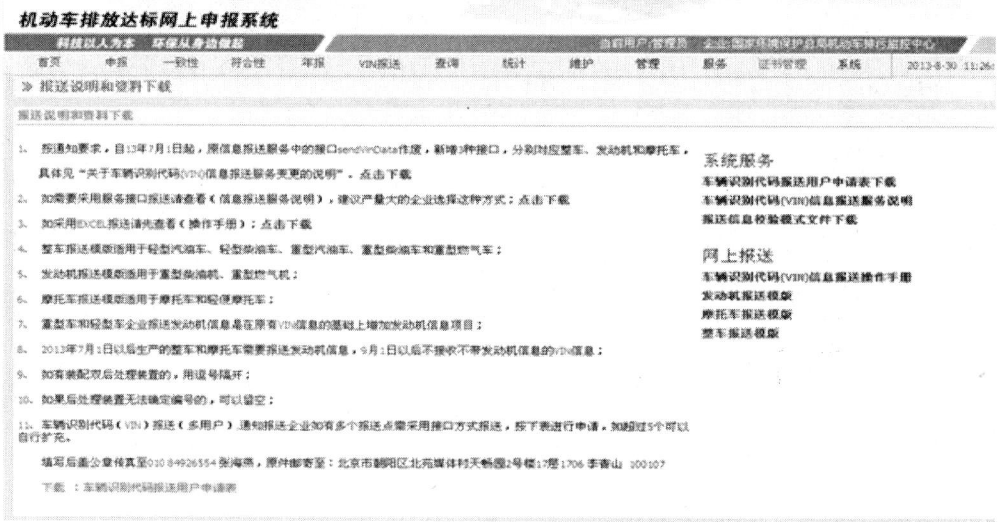

图 6-17